U0241179

本书受重庆市花卉产业刺吸类害虫综合防控技术研发及示范推广
（cstc2017shms–xdny80001）
重庆市园林植物 IPM 科技研发示范平台
（cstc2015pt–nsjg80002）资助

田立超　先旭东　著

重庆市常见园林害虫
图鉴

西南师范大学出版社
国家一级出版社 全国百佳图书出版单位

图书在版编目（CIP）数据

重庆市常见园林害虫图鉴 / 田立超，先旭东著 . —
重庆 : 西南师范大学出版社，2018.11
　　ISBN 978-7-5621-9649-5

　　Ⅰ . ①重… Ⅱ . ①田… ②先… Ⅲ . ①园林植物—植
物虫害—防治—重庆—图谱 Ⅳ . ① S436.8-64

中国版本图书馆 CIP 数据核字 (2018) 第 270330 号

重庆市常见园林害虫图鉴
CHONGQING SHI CHANGJIAN YUANLIN HAICHONG TUJIAN

田立超　先旭东　著

责任编辑　杜珍辉
责任校对　刘　凯
装帧设计　观止堂 _ 未氓　朱璇
出版发行　西南师范大学出版社
　　　　　地址：重庆市北碚区天生路 2 号
　　　　　邮编：400715
印　　刷　重庆康豪彩印有限公司
幅面尺寸　148 mm × 210 mm
插　　页　2
印　　张　4.5
字　　数　110 千字
版　　次　2018 年 12 月第 1 版
印　　次　2018 年 12 月第 1 次印刷
书　　号　ISBN 978-7-5621-9649-5

定　　价　45.00 元

　　园林是城市的名片。加强园林管护质量是改善城市生态环境，提升城市居民生活品质的重要工作。近年来，异地苗木调运频繁、园林植物种类单一化，引起园林害虫高发，园林建设成果受到破坏，生态效益受到损失。根据重庆市风景园林科学研究院近 30 年的统计数据，重庆地区园林中有 530 余种害虫，为害性高的有 60 余种。我们收集整理了近 5 年来重庆地区园林 64 种重要害虫的发生信息，附有不同虫态、虫龄、寄主受害状的图片，方便读者对害虫进行识别；对害虫在重庆地区的生活习性进行描述，便于读者把握最佳的防控时机；并最大程度遵循低毒无公害原则，对害虫防控方法进行了阐述，最终汇编成《重庆市常见园林害虫图鉴》，旨在为园林一线管护部门提供技术参考。本书由田立超、先旭东著，何思瑶、周涵宇、万涛、吴松成、周文涛、吴道军等提供了帮助。由于编者的水平和时间受限，书中的不当或错误之处恳请读者批评指正，以待再版时修订。

目录

Contents

一　刺吸类害虫

Piercing-sucking Insects

马氏粉虱
Aleurolobus marlatti Quaintance

[分布]

重庆、福建、江苏、浙江、上海、四川、云南、贵州、广东、安徽、江西等地。

[主要寄主]

桂花、九里香、栀子花、白兰花、丁香、红花羊蹄甲、金橘等。

[形态特征]

卵：长 0.20~0.25 mm，宽约 0.1 mm，光滑，淡绿色，下端有一细小透明卵柄。

幼虫：椭圆形，初龄淡黄绿色，三龄黑褐色，腹面缝线清晰，体缘有一串气孔。

蛹：蛹壳呈扁平椭圆形，凸面黑色有光泽，边缘有整齐的蜡质丝状物，背面附有蜡质棉状物。

成虫：雌性体长约 1 mm，呈褐色。触角 7 节，淡黄色。末端有细毛。腿节及胫节褐色。后足生有短刺，前端有爪。翅脉直且明显，生有不规则暗红色斑点，后翅无斑。前胸褐色，腹部黄色。雄性成虫相似，体长约 1 mm，触角 7 节。腹节生有褐色条纹，生殖器褐色。

[生活史]

马氏粉虱 1 年发生 1 代，以蛹在石块、土壤、枯枝落叶等处越冬，翌年 3 月中下旬气温回升后大量羽化为成虫，并交配产卵。幼虫于 10 月下旬化蛹，后逐渐分泌白色蜡质棉状物覆盖蛹壳。

[为害特点]

该虫主要以幼虫在寄主植物叶背刺吸汁液为害，其排泄物黏附在叶片上，易诱发煤污病，影响植株景观效果。

[防控治理措施]

（1）剪除生长衰弱及过密枝叶，使树体通风透光良好；冬季将枯枝落叶集中处理，消灭其中越冬虫蛹；在3月下旬至4月中旬成虫羽化期，利用其趋光性，安装黑光灯对其进行诱杀。（2）若虫期喷施25%噻嗪酮可湿性粉剂1 000倍液或10%吡虫啉可湿性粉剂2 000倍液。

马氏粉虱成虫

马氏粉虱蛹

马氏粉虱卵

马氏粉虱若虫

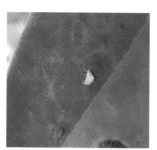

马氏粉虱成虫交配

马氏粉虱为害状

黑刺粉虱
Aleurocanthus spiniferus Quaintance

[分布]

全国分布。

[主要寄主]

天竺桂、香樟、山茶、茶梅、棕榈、樟树和玫瑰等。

[形态特征]

卵：长肾形，基部有短柄，直立附着于叶背，初产时淡黄色，后渐变深。

幼虫：老熟若虫黑色，长约 0.7 mm，宽约 0.6 mm。体背有刚毛 14 对，周围白色蜡圈明显。

蛹：椭圆形，初为淡黄色，透明，后渐变黑色，有光泽，周围有较宽的白色蜡边，背中有隆起纵脊。体背盘区刺毛胸部有 9 对，腹部有 10 对。两侧边缘刺毛竖立，雌性 11 对，雄性 9 对。

成虫：雌虫体长约 1.2 mm，雄虫较小，橙黄色，覆有白色蜡粉；前翅紫褐色，有不规则白斑 7 个；后翅淡紫褐色，无斑纹。

[生活史]

黑刺粉虱每年发生 4 代，主要以若虫在植株中下部叶背越冬。越冬代 3 月下旬始见羽化，4 月下旬、5 月上旬为羽化高峰期。各代发生期：第 1 代 4 月中旬至 6 月中旬，第 2 代 6 月下旬至 8 月上旬，第 3 代 8 月上旬至 9 月下旬，第 4 代 10 月上旬至翌年 4 月中旬。

[为害特点]

黑刺粉虱主要以若虫栖息于植株叶背刺吸汁液为害，导致叶片因营养不良而发黄、提早脱落；成虫、若虫均排泄蜜露并诱发煤污病，严重影响植物光合作用和景观效果。

[防控治理措施]

（1）若虫期喷施25%噻嗪酮可湿性粉剂1 000倍液或10%吡虫啉可湿性粉剂2 000倍液。（2）保护和利用红点唇瓢虫、捕食螨、粉虱寡节小蜂、刺粉虱黑蜂、草蛉等天敌。

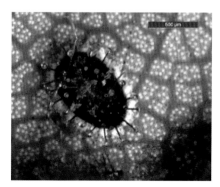

黑刺粉虱若虫形态

香樟黑刺粉虱为害状

柑橘黑刺粉虱为害状

豆蚜

Aphis craccivora Koch

[分布]

全国分布。

[主要寄主]

槐、苜蓿、海桐等。

[形态特征]

卵：长椭圆形，初产淡黄色，后变草绿色至黑色。

若蚜：分4龄，呈灰紫色至黑褐色。

无翅胎生雌蚜：体长1.8~2.4 mm，体黑色或浓紫色，少数墨绿色，体披均匀蜡粉。中额瘤和额瘤稍隆。触角6节，比体短，第1、第2节和第5节末端及第6节黑色，余黄白色。腹部第1~6节背面有1大型灰色隆板，腹管黑色，长圆形，有瓦纹。尾片黑色，圆锥形，具微刺组成的瓦纹，两侧各具长毛3根。

有翅胎生雌蚜：体长1.5~1.8 mm，体黑绿色或黑褐色，具光泽。触角6节，第1、第2节黑褐色，第3~6节黄白色，节间褐色，第3节有感觉圈4~7个，排列成行。

[生活史]

豆蚜1年发生20余代，以无翅成蚜和若蚜在背风向阳的山坡、沟边、路旁的十字花科和豆科杂草上越冬，少数的以卵越冬。翌年3月中、上旬开始在越冬寄主上繁殖，温度达14~15℃时产生大量有翅蚜，形成第1次迁飞高峰。5月中下旬，由中间寄主向附近的寄主迁飞，形成第2次迁飞高峰。6月中、下旬可形成第3次迁飞高峰。9月下旬至10月上旬，气温下降，有翅蚜迁飞到十字花科或豆科杂草上为害和越冬。少数可产生性蚜，交尾后产卵，以卵越冬。

[为害特点]

该虫以成蚜、若蚜群集在寄主植物嫩芽、嫩叶及花柄等处为害，导致叶片变黄、卷曲，植物生长迟缓。该虫还会分泌蜜露，诱发寄主植物产生煤污病，影响观赏价值。

[防控治理措施]

（1）合理修剪，做到通风透光，减少虫口密度；利用黄色粘板诱杀有翅蚜。（2）虫口量较大时用 21% 噻虫嗪悬浮剂 300~800 倍液或 70% 吡虫啉水剂 500~1 000 倍液灌根，或喷施 5% 啶虫脒乳油 2 000~3 000 倍液、5% 蚜虱净乳油 3 000 倍液、20% 蚜克净可湿性粉剂 3 000 倍液、10% 吡虫啉可湿性粉剂 1 500~2 500 倍液、50% 抗蚜威可湿性粉剂 2 000~3 000 倍液、21% 噻虫嗪悬浮剂 1 500~2 000 倍液（此处并不指药剂混合使用，每种药剂均单施，后同）。（3）喷施 1.8% 阿维菌素乳油 3 000~5 000 倍液、1% 甲维盐乳油 4 000~6 000 倍液、0.6% 苦参碱乳油 400~600 倍液或 1.2% 苦·烟乳油 1 000 倍液等生物农药。（4）保护和利用瓢虫、草蛉、小花蝽、姬猎蝽、食蚜蝇、蜘蛛、蚜茧蜂、跳小蜂、蚜霉菌等天敌。

豆蚜为害海桐

豆蚜无翅孤雌胎生蚜

天敌取食豆蚜

豆蚜为害后形成的煤污病

棉蚜

Aphis gossypii Glover

[分布]

全国分布。

[主要寄主]

木槿、梓树、鼠李、紫叶李、扶桑、紫荆、玫瑰、梅、常春藤、茶花、大叶黄杨、夹竹桃、蜀葵、牡丹、菊花、一串红、仙客来、鸡冠花、木芙蓉等。

[形态特征]

卵：椭圆形，初产时橙黄色，后变黑色。

有翅若蚜：体被蜡粉，两侧有短小翅芽，夏季体淡黄色，秋季体灰黄色。

无翅若蚜：1龄体淡绿色，触角4节，腹管长宽相等；2龄体蓝绿色，触角5节，腹管长为宽的2倍；3龄体蓝绿色，触角5节，腹管长约为1龄的2倍；4龄体蓝绿色、黄绿色，触角6节，腹管长约为2龄的2倍。体夏季多为黄绿色，秋季多为蓝绿色。

干母：体长约1.6 mm，茶褐色；触角5节，为体长之半。

无翅孤雌胎生蚜：体长约1.9 mm，卵圆形；春季体深绿、黄褐、黑、棕、蓝黑色，夏季体黄色、黄绿色，秋季体深绿、暗绿、黑色等，体外被有薄层蜡粉；中额瘤隆起；触角6节；腹管较短，圆筒形，灰黑或黑色；尾片圆锥形，近中部收缩。

有翅孤雌胎生蚜：体长约2 mm，黄、浅绿或深绿色；头、前胸背板黑色；腹部春秋黑蓝色，夏季淡黄色或绿色；触角6节，短于体；腹部两侧有黑斑3~4对，腹管短，为体长的1/10，圆筒形；尾片短于腹管之半，曲毛4~7根。

无翅雌性蚜：体长1.0~1.5 mm，灰黑、墨绿、暗红或赤红色；触角5节；后足胫节发达；腹管小而黑色。

有翅雄性蚜：体长1.3~1.9 mm，深绿、灰黄、暗红、赤褐等色；触角6节。

[生活史]

该虫 1 年发生 10~20 代，以卵在越冬寄主上越冬。翌年春季寄主发芽后，越冬卵孵化为干母，孤雌生殖 2~3 代后，产生有翅胎生雌蚜。5~6 月进入为害高峰期，6 月下旬后蚜量减少，但干旱年份为害期多延长。10 月中下旬产生有翅的性母，迁回越冬寄主，产生无翅雌性蚜和有翅雄性蚜。雌雄蚜交配后，在越冬寄主枝条缝隙或芽腋处产卵越冬。

[为害特点]

棉蚜主要以成蚜、若蚜聚集在植株叶背面，刺吸汁液为害，使叶片细胞组织生长不平衡，产生卷曲和皱缩，棉株生长缓慢，轻者推迟现蕾开花，重者造成卷叶或发黄脱落。

棉蚜为害木芙蓉

[防控治理措施]

（1）合理修剪，做到通风透光，减少虫口密度；利用黄色粘板诱杀有翅蚜。（2）虫口量较大时用 21% 噻虫嗪悬浮剂 300~800 倍液或 70% 吡虫啉水剂 500~1 000 倍液灌根，或喷施 5% 啶虫脒乳油 2 000~3 000 倍液、5% 蚜虱净乳油 3 000 倍液、20% 蚜克净可湿性粉剂 3 000 倍液、10% 吡虫啉可湿性粉剂 1 500~2 500 倍液、50% 抗蚜威可湿性粉剂 2 000~3 000 倍液、21% 噻虫嗪悬浮剂 1 500~2 000 倍液。（3）喷施 1.8% 阿维菌素乳油 3 000~5 000 倍液、1% 甲维盐乳油 4 000~6 000 倍液、0.6% 苦参碱乳油 400~600 倍液或 1.2% 苦·烟乳油 1 000 倍液等生物农药。（4）保护和利用瓢虫、草蛉、小花蝽、姬猎蝽、食蚜蝇、蜘蛛、蚜茧蜂、跳小蜂、蚜霉菌等天敌。

棉蚜无翅雄蚜

棉蚜无翅雌蚜

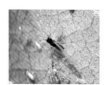

棉蚜有翅蚜

绣线菊蚜
Aphis citricola Van der Goot

[分布]

全国分布。

[主要寄主]

桃、海棠、绣线菊、海桐等多种观赏植物。

[形态特征]

卵：椭圆形，两端微尖，长径约 0.5 mm，初产浅黄、渐变黄褐、暗绿，孵化前漆黑色，有光泽。

若虫：黄色，复眼、触角、足和腹管均为黑色。无翅若蚜腹部较肥大、腹管短，有翅若蚜胸部发达，具翅芽、腹部正常。

无翅胎生雌蚜：体长约 1.6~1.7 mm，宽约 0.95 mm，近纺锤形，体黄、黄绿或绿色。体表具网状纹，头部、复眼、口器、腹管、尾片均为黑色，口器伸达中足基节窝，触角显著比体短，触角 6 节，丝状，3~6 节具瓦状纹，其基部浅黑色。腹管表面具瓦片状切纹，中等长，圆柱形，末端渐细。腹部各节具中毛 1 对，除第 1 和第 8 节各有 1 对缘毛外，第 2~7 节各具 2 对缘毛。尾片指状，生有 10 根左右弯曲的毛，体侧缘瘤馒头形，两侧有明显的乳头状突起，足与触角淡黄至灰黑色。

有翅孤雌胎生蚜：体长 1.5~1.7 mm，翅展约 4.5 mm，体近纺锤形，较小，体表网纹不明显。头、胸、口器、腹管、尾片均为黑色，腹部绿、浅绿、黄绿色，第 2~4 腹节两侧具大型黑缘斑，腹管后斑大于前斑，第 1~8 腹节具短横带。复眼暗红色，口器黑色伸达后足基节窝，触角丝状 6 节，较体短，体两侧有黑斑，并具明显的乳头状突起。尾片圆锥形，末端稍圆，有 9~13 根毛。

[生活史]

1 年发生 10 余代，以卵在枝条及树枝粗皮裂缝处越冬。翌年 4 月上句寄主萌动后越冬卵开始孵化，中旬为盛期。5月上旬孵化结束，本代为无翅雌蚜，若虫和成虫4月下旬群集于新芽、嫩梢、新叶的叶背开始刺吸为害，十几天后发育成熟，即可孤雌胎生无翅蚜虫。至10月中旬后开始产生雌、雄有翅蚜，并进行交尾、产卵越冬。

[为害特点]

绣线菊蚜主要以成蚜、若蚜刺吸寄主植物枝叶为害，被害叶片初期表面呈现花叶病状，常显淡黄色，叶尖向叶背横卷，叶外表可见到大量虫体。蚜群刺吸叶片汁液后，影响光合作用，抑制了新梢生长及树体发育，严重时则能引起早期落叶和树势衰弱。

[综合治理措施]

（1）寄主植物落叶后到萌芽前，刮除粗皮、翘皮，进行人工刮卵，并清除树体上的残附物和树体下的枯枝落叶，消灭越冬卵。（2）在绣线菊蚜成虫迁飞时期，悬挂黄色粘板对其进行诱杀。（3）虫口密度较大时施用21%噻虫嗪悬浮剂300~800倍液灌根；喷施5%啶虫脒乳油2 000~3 000倍液、10%吡虫啉可湿性粉剂1 500~2 500倍液、50%抗蚜威可湿性粉剂2 000~3 000倍液、21%噻虫嗪悬浮剂1 500~2 000倍液或1.8%阿维菌素乳油3 000~5 000倍液、1%甲维盐乳油4 000~6 000倍液、0.6%苦参碱乳油400~600倍液、1.2%苦·烟乳油1 000倍液等生物农药。（4）保护和利用食蚜蝇、瓢虫等天敌。

绣线菊蚜为害海桐

绣线菊蚜无翅胎生雌蚜

绣线菊蚜有翅胎生雌蚜

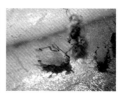

绣线菊蚜若蚜

月季长管蚜

Macrosiphum rosirvorum Zhang

[分布]

东北、华北、华东、华中、西南等地。

[主要寄主]

月季、蔷薇、玫瑰、白鹃梅、七里香、梅花等。

[形态特征]

卵：椭圆形，初孵时草绿色，后变为墨绿色。

若蚜：初孵若蚜体长约 1 mm，初为白绿色，渐变为淡黄绿色，复眼红色。

无翅孤雌蚜：体型较大，长卵形，长约 4.2 mm，宽约 1.4 mm。头部土黄色或浅绿色，胸腹部草绿色，有时橙红色。体表光滑。第 7、8 腹节背面及腹部腹面有明显瓦纹，腹面多长毛尖。头部额瘤隆起，并明显地向外突出呈"W"形。触角 6 节，丝状，淡色。喙粗大，多毛，达中足基节，腹管黑色，长圆筒形。尾片圆锥形，淡色，表面有小圆突起构成的横纹。尾板末端圆形。

有翅孤雌蚜：体长约 3.5 mm，宽约 1.3 mm。体稍带草绿色，中胸土黄色，腹部各节有中斑、侧斑、缘斑，第 8 节有大而宽的横带斑。腹管长约 0.8 mm，为尾片的 2 倍，末端有网纹。尾片长圆锥形，中部收缩，端部稍凹；尾板圆馒头形。

[生活史]

1 年发生 10 余代，以成蚜和若蚜在枝梢上越冬。春季月季萌发后，越冬成蚜在新梢嫩叶上繁殖，从 4 月上旬起开始为害嫩梢，花蕾及叶被虫量大。4 月中旬起有翅蚜陆续发生，被害株率和虫口密度明显上升，5 月中旬为第 1 次繁殖高峰，该虫在 7 至 8 月高温下滞育，虫口密度下降。

9~10月份温度下降后发生量增多。平均气温20℃左右，气候干燥时，利于此蚜的生长、繁殖，易造成严重为害。

[为害特点]

月季长管蚜以若蚜、成蚜群集于新梢、嫩叶和花蕾上为害，受害的嫩叶和花蕾生长停滞，不易伸展，还常因排泄物黏附叶片，影响观赏价值。严重时诱发煤污病，造成植株死亡。

[防控治理措施]

（1）月季休眠期，剪除有蚜枝，后喷1次3波美度的石硫合剂；秋后10月下旬至11月上旬剪除10~15 cm以上所有茎干烧毁，清除虫源。（2）虫口密度较大时施用21%噻虫嗪悬浮剂300~800倍液灌根；喷施5%啶虫脒乳油2 000~3 000倍液、10%吡虫啉可湿性粉剂1 500~2 500倍液、50%抗蚜威可湿性粉剂2 000~3 000倍液、21%噻虫嗪悬浮剂1 500~2 000倍液或1.8%阿维菌素乳油3 000~5 000倍液、1%甲维盐乳油4 000~6 000倍液、0.6%苦参碱乳油400~600倍液、1.2%苦·烟乳油1 000倍液等生物农药。（3）保护异色瓢虫、草蛉、食蚜蝇等捕食性天敌。

月季长管蚜为害嫩梢　　月季长管蚜为害花蕾　　月季长管蚜胎生若蚜

紫薇长斑蚜

Tinocallis kahawaluokalani Kirkaldy

[分布]

华北、华东、华中、华南、西南等地。

[主要寄主]

紫薇、银薇。

[形态特征]

若蚜：体小，无翅。

无翅孤雌胎生蚜：体长约 1.6 mm，椭圆形，黄绿或黄褐色；头、胸部有黑斑，腹背部有黄绿色和黑色斑；触角 6 节，细长，黄绿色，第 1~5 节基部黑褐色，为体长的 3/5；头部中央有 1 条纵纹；后足胫节膨大；第 1 节和第 3~8 节腹节背板各具中瘤 1 对；腹管短筒形；尾片乳头状。

有翅孤雌胎生蚜：体长约 2.1 mm，长卵形，黄或黄绿色，具黑色斑纹；触角 6 节，为体长的 2/3；前足基节膨大；第 1~8 节腹节背板各具中瘤 1 对，第 1~5 腹节有缘瘤，每瘤着生短刚毛 1 根；翅脉具黑边，前翅前缘及顶端各具较大的灰绿色斑，径脉中部不显著；腹管截短筒状；尾片乳突状，粗长毛 2 根和短毛 7~10 根。

有翅雄性蚜：体较小，色深，尾片瘤状，中部收缢不显著。

[生活史]

1 年发生 10 余代，以卵在芽、梢附近越冬。翌年 5 月中下旬开始迁移至紫薇上繁殖、为害。7、8 月份为害最重，10 月份之后陆续开始越冬。

[为害特点]

该虫以成虫、若虫刺吸植物汁液为害，造成植株叶片发黄、掉落，并排泄大量蜜露，引发煤污病，严重影响植物的光合作用和呼吸作用。受害严重的树木，秋季不能开花或花蕾脱落。

[防控治理措施]

（1）发生初期结合修剪，剪除带虫枝以及施用21%噻虫嗪悬浮剂300~800倍液灌根进行长效防控；发生量较大时可喷施5%啶虫脒乳油2 000~3 000倍液、10%吡虫啉可湿性粉剂1 500~2 500倍液、50%抗蚜威可湿性粉剂2 000~3 000倍液、21%噻虫嗪悬浮剂1 500~2 000倍液或1.8%阿维菌素乳油3 000~5 000倍液、1%甲维盐乳油4 000~6 000倍液、0.6%苦参碱乳油400~600倍液、1.2%苦·烟乳油1 000倍液等生物农药。（2）保护异色瓢虫、草蛉、食蚜蝇等捕食性天敌。

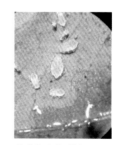

紫薇长斑蚜若蚜

紫薇长斑蚜有翅胎生雌蚜

紫薇长斑蚜寄生于紫薇叶背

紫薇长斑蚜排泄物导致煤污病

夹竹桃蚜
Aphis nerii Boyer de Fonscolombe

[分布]

全国分布。

[主要寄主]

夹竹桃、黄花夹竹桃等。

[形态特征]

若蚜：体型似成蚜，无翅。

无翅孤雌胎生蚜：体卵圆形，黄色；触角有粗瓦纹；体长约 1~3 mm，第 1~3 节端部及第 4~6 节颜色较深。腹管、尾片、尾板及生殖板黑色。胸部及腹部有明显网纹，腹部第 8 节有明显斑纹。腹管长筒形，有横瓦纹。体表毛细，顶端稍钝。中额瘤稍隆，顶端平，额瘤隆起，高于中额瘤。喙达到或超过后足基节，第 4、5 节长锥形。尾片舌状，中部收缩，端部 2/3 骨化黑色，有粗刺布满整个尾片。尾板半球形。

有翅孤雌胎生蚜：体长卵形，黄色。头、胸黑色，腹部淡色。具黑色斑纹。腹管有横瓦纹。背板有小刺突。前胸及腹部 1~4 节和第 7 节有缘斑。中额瘤隆起，额瘤明显隆起。喙达后足基节，第 4、5 节长锥形。腹管长筒形，尾片舌状。

[生活史]

1 年发生多代，每年有 2 个高峰。每年 5~6 月为第 1 个发生高峰，9~10 月为第 2 个发生高峰。

[为害特点]

夹竹桃蚜以成蚜、若蚜刺吸夹竹桃植株的新梢、嫩叶为害，影响植株正常生长，使其花期变短，甚至不开花。同时分泌大量蜜露，导致夹竹桃煤污病的发生，严重影响其光合作用，观赏价值受损。

[防控治理措施]

（1）早春冲洗枝叶，可控制夹竹桃蚜的快速繁殖，有利于后期天敌的繁殖；产卵期摘除有卵叶片。（2）大面积发生时，可喷施 25% 吡蚜酮 3 000 倍液，50% 抗蚜威 1 000 倍液，21% 噻虫嗪悬浮剂 2 000 倍液，2.5% 烟参碱乳油 800 倍液，50% 灭蚜松乳油 1 000~1 500 倍液，或 2.5% 功夫乳油 3 000 倍液防治。（3）保护利用食蚜蝇、草蛉、瓢虫等天敌。

夹竹桃蚜为害夹竹桃

桃粉蚜

Hyalopterus arundimis Fabricius

[分布]

全国分布。

[主要寄主]

红叶李、桃、杏、榆叶梅、碧桃、樱桃等。

[形态特征]

卵：椭圆形，初黄绿后变黑色，有光泽。

若蚜：体小，与无翅胎生雌蚜相似，体绿色被白粉。

有翅孤雌蚜：体长约2 mm，翅展约6 mm，头胸部暗黄色，胸瘤黑色，腹部黄绿色或浅绿色。被白色蜡质粉，复眼红褐色。

无翅胎生雌蚜：腹管短小，黑色，尾片长大，黑色，圆锥形，有曲毛5~6根。复眼红褐色。胸腹无斑纹，无胸瘤，体表光滑，缘瘤小。

[生活史]

1年发生10~20代，生活周期类型属乔迁式，以卵在桃等冬寄主的芽、裂缝及短枝杈处越冬。冬寄主萌芽时孵化，群集于嫩梢、叶背为害繁殖。5~6月间繁殖最盛，为害严重，大量产生有翅胎生雌蚜，迁飞到夏寄主（禾木科等植物）上为害繁殖，10~11月产生有翅蚜，返回冬寄主上为害繁殖，产生有性蚜交尾产卵越冬。

[为害特点]

春夏之间经常和桃蚜混合发生为害桃树。成虫、若虫群集于新梢和叶背刺吸汁液，受害叶片呈花叶状，增厚，叶色灰绿或变黄，向叶背后对合纵卷，卷叶内虫体被白色蜡粉。严重时叶片早落，新梢不能生长。排泄蜜露常致煤污病发生。

[防控治理措施]

（1）合理整形修剪，加强土、肥水管理，清除枯枝落叶，刮除粗老树皮；结合春季修剪，剪除被害枝梢，集中烧毁。（2）芽萌动期喷药防治桃粉蚜的效果最好，越冬卵孵化高峰期喷施2.5% 溴氰菊酯乳油、20% 氰戊菊酯乳油 2 000 倍液；抽梢展叶期，喷施10% 吡虫啉可湿性粉剂 2 000~3 000倍液。（3）在药液中加入表面活性剂，增加黏着力，可以提高防治效果。

桃树叶片背面的桃粉蚜

桃粉蚜为害桃树后发生煤污病

桃粉蚜为害桃树

柳黑毛蚜
Chaitophorus salinigra Shinji

[分布]

全国分布。

[主要寄主]

垂柳、杞柳、龙爪柳等柳属植物。

[形态特征]

无翅胎生雌蚜：体卵圆形，长约 1.4 mm，全体黑色，体表粗糙，胸背有圆形粗刻点，构成瓦纹，腹管截断形，有很短瓦纹，尾片瘤状。

有翅胎生雌蚜：体长卵形，长约 1.5 mm，体黑色，腹部有大斑、节间斑，黑色，触角长约 0.8 mm，超过体长一半，腹管短筒形，仅约 0.06 mm。

[生活史]

以卵在柳枝上越冬，每年 3~4 月间，越冬卵孵化，开始为害，5~6 月间为害严重，在 5 月下旬至 6 月上旬可产生有翅孤雌胎生蚜，扩散为害，多数世代为无翅孤雌胎生蚜，10 月下旬产生性蚜后交尾产卵越冬，全年在柳树上生活。

[为害特点]

大发生时常盖满叶背，有时在枝干处爬行，同时排泄大量蜜露在叶面上引起煤污病。为害严重时，造成大量落叶，甚至可使柳树死亡。

[防控治理措施]

（1）可采用 3% 除虫菊酯 800~1 000 倍液喷施，对植物安全，副作用少；拟除虫菊酯类药剂可采用 20% 杀灭菊酯乳油 3 000 倍液或 2.5% 溴氰菊酯乳油 2 000~3 000 倍液。（2）适时释放瓢虫、草蛉等天敌昆虫。

柳黑毛蚜

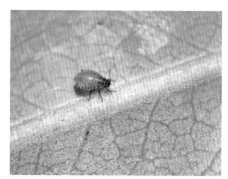

柳黑毛蚜成蚜

日本壶链蚧
Asterococcus muratae Kuwana

[分布]

华东、华中、华南、西南等地。

[主要寄主]

白玉兰、广玉兰、桃、海棠、五角枫、三角枫、小叶女贞、法国冬青、木香、石榴、火棘、蔷薇、栾树、珊瑚树、天竺桂等。

[形态特征]

卵：长椭圆形，橙黄色，后渐变为灰色。

若虫：1龄若虫初孵时黄褐色，后渐变为红褐色，长卵圆形，体长 0.5~0.8 mm，体宽 0.2~0.4 mm；具触角和复眼各1对，3对足发达，腹部7节，腹末具大尾瓣2个，末端各有1根长刚毛。2龄若虫长卵形，红褐色，体长约1.2 mm，体宽约0.7 mm，触角变短，足退化，口器发达，体背分泌许多蜡丝。

蛹：长梭形，杏黄色。雌成虫：蜡壳外形似紫藤茶壶，红褐色，有螺旋状横环纹8~9圈和放射状白色纵蜡带4~6条，纵蜡带从壶顶直到壶底，后方有一短小的壶嘴状突起，壶顶有红褐色蜕皮壳1个；虫体倒梨形或近圆形，膜质，背突起略呈半球形。

雄成虫：介壳长条形，长约1.2 mm，宽约0.7 mm；触角各节生有细毛，具膜翅1对，翅脉2分叉。

[生活史]

日本壶链蚧1年1代，以受精雌成蚧在被害寄主枝条上越冬，翌年4月初开始产卵，4月中旬为产卵盛期，5月中旬卵开始孵化，1龄若虫历期18 d，至5月底1龄若虫蜕皮后变为2龄若虫继续为害，不断分泌蜡丝形成严实的蜡被，2龄若虫历期25 d后蜕皮，于6月中下旬出现雄蛹，

7月上旬羽化为有翅雄虫。6月下旬至7月上旬，2龄雌若虫蜕皮后进入雌成虫期。之后，雌雄便进入交尾阶段，约5 d，受精后的雌成虫体型不断增大，10月后在被害寄主枝干上越冬。

[为害特点]

日本壶链蚧以成蚧、若蚧在寄主植物的主干、枝条以及叶上刺吸为害，除吸食寄主汁液外，还分泌蜜露，诱发煤污病，严重影响寄主植物的观赏价值。发生严重时，大量蚧虫寄生在枝条上吸取养分，会造成被害植物枝条枯死或整株死亡。

[防控治理措施]

（1）秋冬及早春剪除枯死枝、蚧虫为害枝，刮除枝上的越冬蚧虫，以减少虫源。（2）5月中旬至6月上旬初孵幼虫期，喷施40%速扑杀乳油1 000~1 500倍液。（3）保护和利用七星瓢虫、异色瓢虫、红点唇瓢虫、大草蛉、球蚧跳小蜂等天敌。

日本壶链蚧越冬态

日本壶链蚧为害状

日本壶链蚧初孵若虫为害

造成植物枝条枯死

黑蚱蝉

Cryptotympana atrata Fabricius

[分布]

全国分布。

[主要寄主]

天竺桂、桃、李、梨、杏、苦楝、桑、杨、柳、榆等植物。

[形态特征]

卵：长椭圆形，稍弯曲，长 2.4~2.5 mm，宽约 0.3 mm，乳白色，有光泽，头端比尾端略尖。

若虫：体长 35 mm 左右，体型似成虫，幼龄体软，为白色或黄白色，后变黄褐色，有翅芽，额显著膨大，触角和喙发达，无复眼，有一单眼。前足腿节、胫节粗大，有齿适于开掘。老龄身体较硬，前胸背板缩小，中胸背板变大。头顶至后胸背板中央有一蜕皮线，翅芽发达，老熟时可达腹部中央。

成虫：体长 40~45 mm，翅展 122~130 mm，虫体黑色具光泽，局部密生金黄色细毛，头比中胸背板基部稍宽，头的前缘及额顶各有 1 块黄褐色斑。头部 3 个单眼琥珀色，呈三角形排列，复眼大，淡黄褐色。前胸背板短于中胸背板，微突起。中胸背面有"X"形红褐色隆起，非常明显，前角上有 1 条暗色纹。腹部各节侧缘黄褐色。腿节上有尖锐的刺，中、后足腿节脉纹黄褐色。前后翅均透明，基部黑色，翅脉黄褐色至黑色，雄虫腹部 1~2 节有发音器，雌虫无发音器，但有听器。产卵器明显。

[生活史]

黑蚱蝉多年发生 1 代，以若虫在土壤中或以卵在寄主枝干内越冬。卵至翌年 6 月孵化，若虫落地钻入土中，吸食根的汁液。若虫在土中占整个生活史的绝大部分时间，共蜕皮 5 次。老熟若虫 6 月底至 7 月初开始羽化出土，7 月中旬至 8 月下旬为成虫出土盛期，8 月 15 日为成虫高峰期，也是为害最甚时期。

[为害特点]

黑蚱蝉除以成虫刺吸植株枝干上的汁液为害外，雌成虫产卵时，将产卵器插入枝条和果穗枝梗组织内产卵，造成机械损伤，严重影响寄主植物水分和养分的输送，致使受害枝条干枯死亡。

[防控治理措施]

（1）结合冬季和夏季修剪，剪除因产卵而枯死的枝条，并集中销毁；在树干基部包扎塑料薄膜或透明胶，阻止老熟若虫上树羽化，滞留在树干周围的可人工捕杀；6月中旬至7月上旬雌虫未产卵时，夜间人工捕杀。（2）5月上旬用50%辛硫磷乳油500~600倍液浇淋树基部，毒杀土中幼虫；成虫期喷施20%甲氰菊酯乳油1 500~2 000倍液。

黑蚱蝉为害天竺桂

黑蚱蝉产卵痕

黑蚱蝉卵

黑蚱蝉成虫

锥形铲头沫蝉
Clovia conifer Walker

[分布]

重庆、西藏、青海、甘肃、云南、贵州、广西、广东、福建等地。

[主要寄主]

若虫寄主植物为木麻黄与桑树,本种寄主于禾本科等植物,本种多分布于台湾平地至丘陵地边缘之杂木林与杂草丛间。

[形态特征]

若虫:体绿色。

成虫:体长约6~8 mm,头部呈锥形,腹端尖狭,外观如铲,体褐色,头部背面及前胸背板具4~6条黑褐色的条状斑纹,小盾板有一枚褐色圆斑,前翅侧缘具一斜向的白色宽带,其端部有一枚大白斑。

[生活史]

1年1代。

[为害特点]

刺吸为害并分泌有害物质,严重时影响植物光合作用,造成植物枯死。

[防控治理措施]

防治可选用3%啶虫脒乳油2 000倍液、25%噻嗪酮可湿性粉剂2 000倍液、20%甲氰菊酯乳油1 500倍液、25 g/L高效氯氟氰菊酯乳油1 000倍液或1%甲氨基阿维菌素苯甲酸盐乳油4 000倍液等进行喷雾。

为害黄葛树

为害千层金

千层金上的沫蝉若虫

沫蝉成虫

黄葛树叶片上的沫蝉若虫

小绿叶蝉
Jacobiasca formosana Paoli

[分布]

全国分布。

[主要寄主]

桃、杨、桑、樱桃、李、梅、杏、茶、木芙蓉、柳、泡桐、月季、草坪草等。

[形态特征]

卵：新月形，长约 0.8 mm，初产时乳白色，孵化前淡绿色。

若虫：体色、体形与成虫相似，无翅。

成虫：体长 3~4 mm，绿色或黄绿色，头扁三角形，头顶中部有白纹 1 个，触角鞭状，复眼黑色，较大；中胸有白色横纹，中央有 1 凹纹；前翅绿色，半透明，后翅无色。

[生活史]

1 年发生 4~6 代，以成虫在落叶、杂草或低矮绿色植物中越冬。翌年 3 月份随着寄主植物的发芽，小绿叶蝉开始取食并交配产卵。因发生期不整齐致世代重叠。6 月虫口数量增加，8~9 月最多且为害重。10 月后以末代成虫越冬。

[为害特点]

该虫以成虫、若虫刺吸寄主植物汁液为害，被害叶初现黄白色斑点后渐扩成片，严重时全叶苍白早落。

[防控治理措施]

（1）冬季清除杂草及枯枝落叶，消灭越冬成虫。（2）虫害发生期喷施：5% 除虫菊素乳油 1 000 倍液、0.3% 苦参碱水剂 1 000 倍、0.5% 藜芦碱可湿性粉剂 600 倍液、0.3% 印楝素乳油 400~600 倍液等生物农药。（3）保护和利用蜘蛛、瘿小蜂等天敌。

小绿叶蝉成虫

为害状

桃一点叶蝉
Erythroneura sudra Distant

[分布]

重庆、河北、陕西、山东、江苏、安徽、贵州等地。

[主要寄主]

桃、杏、李、樱桃等。

[形态特征]

卵：长椭圆形，一端略尖，长 0.7~0.8 mm，乳白色，半透明。

若虫：共 5 龄，体长 2.4~2.7 mm，体浅墨绿色，复眼紫黑色，翅芽绿色。

成虫：体长 3.0~3.5 mm，淡黄、黄绿或暗绿色；头部向前成钝角突出，端角圆；头冠及颜面均为淡黄或微绿色，在头冠的顶端有 1 个大而圆的黑色斑；复眼黑色；前胸背板前半部黄色，后半部暗黄而带绿色；前翅半透明淡白色，翅脉黄绿色，前缘区的长圆形白色蜡质区显著，后翅无色透明，翅脉暗色；足暗绿，爪黑褐色；雄虫腹部背面具黑色宽带，雌虫仅具 1 个黑斑。

[生活史]

桃一点叶蝉 1 年发生 5 代，以成虫转主越冬，寄生于寄主植物附近的常绿植物如龙柏、桧柏、侧柏、雪松、冬青上，少数在落叶、树皮裂缝及杂草中越冬。3 月初越冬成虫开始为害，4 月中旬开始产卵，5 月中下旬为第 1 代若虫孵化盛期，若虫群聚叶背为害，6 月上旬形成第 1 次为害高峰期。第 2 代成虫 6 月中旬开始产卵，7 月下旬若虫孵化，8 月下旬形成第 2 次为害高峰期。从第 2 代起各世代重叠发生，全年以 6 月上中旬至 9 月中旬虫口密度高，为害严重。

[为害特点]

桃一点叶蝉主要以成虫、若虫在寄主叶片上吸食汁液为害，使被害叶片成失绿白斑，暴发时整树叶片变为苍白色，造成叶片提早脱落，树势极度衰弱，同时影响来年花芽分化和树体生长，易诱发流胶病等病害。

[防控治理措施]

（1）及时清除寄主落叶，并集中处理；生长季及时清除园内杂草。

（2）3月上旬寄主现蕾前喷施3~4波美度石硫合剂，盛花后及时喷施2.5%高效氯氟氰菊酯乳油3 000倍液或30%阿维·高氯乳油1 500倍液；5月中旬至9月下旬为桃一点叶蝉为害盛期和世代交替期，可喷施20%甲氰菊酯乳油2 500倍液、10%联苯菊酯乳油3 000倍液、20%扑灭威乳油800倍液，每隔10 d连续喷药3次。

（3）保护和利用瓢虫、大草蛉和蜘蛛等天敌。

桃一点叶蝉为害桃树

桃一点叶蝉若虫

桃一点叶蝉成虫

日本龟蜡蚧
Ceroplastes japonicus Green

[分布]

全国分布。

[主要寄主]

悬铃木、玫瑰、紫薇、玉兰、月季、蔷薇、梅、女贞、海棠、石榴、黄杨、桂花、珊瑚树、夹竹桃、罗汉松、广玉兰、白兰、含笑、栀子、海桐、天竺葵、无花果、芍药、唐菖蒲、丹桂、山茶、米兰等。

[形态特征]

卵：椭圆形，乳白色至深红色。

幼虫：白色，扁平，长椭圆形，长0.2~0.3 mm，宽0.1~0.2 mm，体躯周围有蜡角13个；触角6节；足发达。

蛹：圆锥形，红褐色，长0.8~1.3 mm。

成虫：其中雌性灰白色，壳背向上隆起，形似半球体，表面密被蜡质形成的坚厚蜡壳，蜡壳表面呈龟甲状，由体1个中心板块和8个边缘板块组成，壳周围还有大量蜡质包围。壳长3.0~4.5 mm，宽2~4 mm，高1~2 mm。虫体卵圆形，长3~4 mm，黄红至红褐色。触角6节。背部突起，腹面较平。雄虫体棕褐色，长1.5 mm左右，单眼4~10个，多为6个，交尾器短呈针状。

[生活史]

1年1代，以受精后的雌成虫在枝条上越冬。翌年3~4月开始取食，4~5月陆续产卵。初孵若虫多寄生在叶子上，固定数小时后开始分泌蜡质，至半个月左右形成星芒状蜡被，约40 d雌雄若虫蜡被开始分化，雄性呈星芒状，雌性呈龟甲状。7月中下旬雌雄若虫外形开始分化。8~9月为蛹期，8月下旬至10月上旬羽化为成虫，同时期雌成虫移至枝条上固定为害。

[为害特点]

日本龟蜡蚧以若虫和雌成虫在枝梢和叶面、叶背中脉处吸食汁液为害，其分泌的蜜露诱致煤污病发生，影响光合作用，使树势衰弱，部分枝条枯死，严重时可致全树枯死。

[防控治理措施]

（1）发生量较少时可人工抹杀；冬季和夏季对树木进行适度修剪，剪除过密枝和虫枝，通风透光，以不利于蚧体发育。（2）幼虫初孵期喷施70%吡虫啉水分散粒剂3 000倍液、5%阿维菌素乳油3 000倍液、2.5%高效氯氟氰菊酯乳油2 000倍液、24%螺虫乙酯悬浮剂3 000倍液或21%噻虫嗪悬浮剂2 000倍液。（3）保护和利用金小蜂、食蚧蚜小蜂、跳小蜂、红点唇瓢虫、黑背唇瓢虫、黑缘红瓢虫、二双斑唇瓢虫、中华草蛉、丽草蛉等天敌。

日本龟蜡蚧为害山茶　日本龟蜡蚧介壳

日本龟蜡蚧为害天竺桂

长白蚧
Ltopholeucaspis japonica Cockerell

[分布]

　　重庆、浙江、江西、湖北等地。

[主要寄主]

　　茶树、竹子、李树、冬青、桂花等。

[形态特征]

　　卵：椭圆形状，淡紫色。卵粒之间由于排列紧密形成平滑的衔接棱面。卵壳白色。

　　若虫：初孵若虫扁椭圆形，淡紫色，触角、口针、足均发达，腹部有2根尾毛，行动活泼。固定取食后，体背分泌白色的蜡质介壳。2龄若虫体增大，介壳前端附有浅褐色的1龄虫蜕皮壳，虫体呈浅黄色。

　　蛹：雄虫经2龄后即化蛹，裸蛹、紫色，介壳稍显瘦长，长约1.2~1.6 mm。

　　成虫：雌性蚧壳长梨圆形，灰白色，长约1.6~2.2 mm，蚧壳下有1褐色盾壳。虫体梨形，乳白色。雄性虫体浅紫色，体细长，约0.5 mm，触角念珠状，足细长，有1对透明的翅。腹部末端的交尾器细长。

[生活史]

　　长白蚧每年发生2~3代，12月上旬以若虫越冬，偶有发现已产卵的雌成虫也能停止产卵进行越冬。翌年2月中旬，虫体继续发育。3月中下旬为雄虫羽化交配高峰期，4月中旬逐渐进入成虫产卵期，第1代若虫孵化期一般从5月初延续至6月中旬。第2代若虫孵化期从7月上旬一直延续至10月下旬。第3代若虫孵化期从10月上旬至12月上旬。

[为害特点]

　　长白蚧主要寄生于植物主干、枝条等部位，以刺吸汁液为害，引发植株枝枯叶落、树势衰退，严重的则造成植株整株枯死。

[防控治理措施]

（1）人工剪除带虫枝叶。（2）春季喷施95%机油乳剂60倍液、45%松脂合剂60倍液等消灭越冬若虫和前蛹；喷施99%溴氰菊酯200倍液+20%啶虫脒1 500倍液、10%吡虫啉可湿性粉剂1 000倍液、3%高渗苯氧威2 000倍液等；施用21%噻虫嗪悬浮剂300~800倍液或70%吡虫啉水分散粒剂500~1 000倍液灌根；喷施13%苦参碱水剂1 500倍液等生物农药。（3）保护长白蚧长棒蚜小蜂、红点唇瓢虫等天敌。

  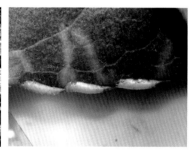

桂花长白蚧为害状
（背面）

桂花长白蚧为害状
（正面）

长白蚧雌虫位于寄主叶片边缘

长白蚧雌虫介壳

长白蚧雌虫形态

米兰白轮盾蚧
Aulacaspis crawii Cockerell

[分布]

重庆、辽宁、内蒙古、山西、河北、安徽、浙江、上海、湖北、福建、台湾、广东、海南、广西、贵州、云南、四川等地。

[主要寄主]

米兰、山茶、九里香、木槿、苦楝、悬钩子、天竺桂、月桂、南天竹、菝葜等。

[形态特征]

卵：椭圆形，肉红色。长 0.20~0.25 mm，宽 0.10~0.12 mm。近孵化时具一对黑色眼点。

若虫：初孵若虫椭圆形，肉红色，复眼明显，触角和足发达。固定取食后的若虫身体逐渐增大，体色转为橘黄色，体背隆起，触角和足渐趋退化。

前蛹：长椭圆形，枯黄色，复眼黑色，口器消失，同时出现成虫器官的芽体。

蛹：和前蛹相似，在蛹期成虫芽体完全发育，触角芽和足芽延长，交尾器和翅芽突出。

雌介壳：近圆形，直径 2~3 mm，雪白色，略隆起，壳点黄色，位于介壳亚缘部。

雄介壳：长 1.2~1.5 mm，宽 0.46~0.53 mm，白色蜡质，两侧平行，背面有 3 条纵脊线，壳点黄色，位于介壳前端。

雌成虫：体长形，头胸部阔，前端弧圆，后胸和腹部明显较狭，臀板颜色较深。前期成虫体黄色，扁平；受精后的成虫身体迅速增大，体色转为红色，体背隆起。

雄成虫：身体纺锤形，橘黄色。复眼黑色，触角具细刚毛，口器退化，仅具前翅一对，交尾器细长针状。

[生活史]

米兰白轮盾蚧1年发生3~4代，世代重叠，冬季以受精雌虫越冬，气温较高时则全年均可发生。3~4月越冬成虫产卵，5月中下旬和9月上旬为各代幼虫孵化盛期。

[为害特点]

米兰白轮盾蚧以成虫、若虫在寄主植物的枝条、叶片及树干上刺吸为害。发生严重时布满整个枝条和叶片，几乎全为白色；同时分泌大量蜜露，诱发煤污病，降低寄主植物观赏价值。

[防控治理措施]

（1）适当修剪，保持通风透光，降低虫口密度。（2）发生严重时可喷施40%毒死蜱乳油2 000倍液、10%吡虫啉可湿性粉剂1 000倍液或3%高渗苯氧威2 000倍液等。（3）保护和利用异角蚜小蜂、瘦柄花翅蚜小蜂、日本方头甲、捕食螨等天敌。

米兰白轮盾蚧为害天竺桂

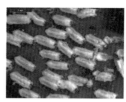

米兰白轮盾蚧雄虫介壳

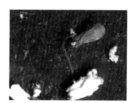

米兰白轮盾蚧雄虫形态

米兰白轮盾蚧雌虫介壳

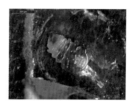

米兰白轮盾蚧雌虫形态

杭州新胸蚜
Neothoracaphis hangzhouensis Zhang

[分布]

重庆、江苏、上海、浙江、湖北等地。

[主要寄主]

该虫为转主寄生，第一寄主仅为蚊母，第二寄主为槲栎、槲树、白栎、黄山栎等。

[形态特征]

卵：长椭圆形，初产时淡黄绿色，后为墨绿色，长约 0.8 mm，宽约 0.5 mm。

干母：由卵孵化出来的孤雌胎生蚜，是蚊母树上形成虫瘿的虫态。成瘿前 1 龄若虫体黄绿或淡绿色，椭圆形，体表疏生 20 根左右的长刚毛；头、胸部发达，约占体长的 2/3。入瘿后 2 龄若虫体嫩黄色，梨形，腹部背面两侧有由蜡孔群分泌出的短蜡丝组成的白色翼状蜡片。成虫期体嫩黄至黄白色，短梨形，腹部肥大，体长 1.3~1.5 mm。

迁移蚜：为有翅孤雌胎生蚜，由瘿内干母的后代发育而成。体长卵形，长 1.3~2.1 mm。刚羽化时乳白至淡黄褐色，出瘿时深灰色。头、胸、触角、喙及足等黑色。翅淡灰色，前翅中脉较淡，分为 2 支，后翅肘脉两根。

侨蚜：孤雌生殖雌蚜，是迁移蚜从蚊母树迁至第二寄主上的后代，灰黑色至漆黑色，体背有圆形蜡质物质组成的长圆形或不规则形白色蜡块，体长约 0.6 mm。

性母：属有翅孤雌胎生蚜，为第二寄主向蚊母树迁飞的虫态。若虫期 4 龄，1 龄体卵圆形，淡黄色，头与前胸相愈合；2 龄体长椭圆形，淡黄色，头胸部等宽，无颈区；3龄体长椭圆形，头部颈区明显，胸部有短小翅芽；4龄体长椭圆形，翅芽明显，体表有蜡质毛状物，老熟时体略带绿色。成虫体形与迁移蚜相似。

雌性蚜：性母的后代，体无翅，稍扁平，椭圆形，形似粉蚧的若虫。若虫期3龄，各龄若虫虫体表面都有由蜡孔群中各蜡孔分泌出的短蜡丝簇形成的蜡粉点，老熟若虫虫体略带淡紫褐色。成虫体长1.3~1.6 mm，淡黄色，体表光滑，无蜡孔，有网眼状纹，体内充满卵粒。

雄性蚜：性母的后代。体型较小，长椭圆形，紫褐色或灰褐色。若虫期2龄，体表有少量蜡粉。成虫体背面及体末有较长的刚毛。触角较长，约为体长的一半。足发达，其体型大小为雌性蚜的一半。

[生活史]

该虫1年发生5代，侨蚜于每年的11月上旬初在第二寄主的叶片产生性母若蚜，于11月上旬末至12月下旬，性母若蚜成熟并向蚊母树上迁飞；11月中旬性母蚜虫开始在蚊母树上胎生性蚜，性蚜1月开始成熟并交配产卵；卵于次年3月开始孵化，并随着蚊母新芽的萌发开始为害蚊母形成虫瘿；4月中旬前后瘿腔内干母成熟并胎生若蚜；5月中旬迁移蚜开始从瘿腔飞出迁移至第二寄主，并在其上胎生侨蚜。

[为害特点]

该虫以成蚜、若蚜刺吸寄主植物新叶为害，植株被害后在虫体四周隆起，逐渐将虫体包埋形成虫瘿，造成寄主植物生长衰弱并严重影响景观效果。

[防控治理措施]

（1）人工摘除受害叶片并集中销毁。（2）喷施21%噻虫嗪悬浮剂2 000倍液、10%吡虫啉可湿性粉剂1 000~1 500倍液等药剂。

蚊母被杭州新胸蚜为害后期

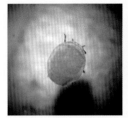 

杭州新胸蚜干母蚜虫成蚜　杭州新胸蚜干母蚜虫若蚜

虫瘿内部图

杨柄叶瘿绵蚜
Pemphigus matsumurai Monzen

[分布]

重庆、北京、黑龙江、辽宁、内蒙古、宁夏、贵州、云南、西藏等地。

[主要寄主]

青杨、小叶杨、云南白杨等。

[形态特征]

有翅孤雌蚜：体椭圆形，长 2.4~2.6 mm，宽 1.0~1.2 mm。头、胸黑色，腹部淡色，触角、足、喙 3~5 节黑色；尾片、尾板和生殖板灰褐色。体表光滑，头背除中央外有褶纹。头顶弧形。触角粗短，为体长的 1/3。喙短粗，达前足中基节之间。翅脉镶淡褐色边，前翅 4 斜脉不分叉，2 肘脉基部愈合，后翅 2 肘脉基部分离。无腹管。尾片半圆形，有微刺突构成的横瓦纹。

[为害特点]

该虫以成蚜、若蚜刺吸寄主植物新叶为害，植株被害后在叶片正面的叶柄基部形成长球形虫瘿，造成寄主植物生长衰弱并严重影响景观效果。

[生活史]

1 年 2 代。

[防控治理措施]

（1）人工剪除受害严重的带虫枝叶并集中销毁。（2）冬季喷施 3~5 波美度石硫合剂，杀灭越冬蚜虫。（3）春季虫瘿形成之前喷施 10% 吡虫啉可湿性粉剂 2 000 倍液、21% 噻虫嗪悬浮剂 2 000 倍液或 0.6% 苦参碱乳油 400~600 倍液等。（4）保护和利用瓢虫、草蛉、食蚜蝇、蚜茧蜂等天敌。

杨柄叶瘿绵蚜虫瘿背面

杨柄叶瘿绵蚜虫瘿侧面

杨柄叶瘿绵蚜成蚜

杨柄叶瘿绵蚜若蚜

康氏粉蚧
Pseudococcus comstocki Kuwana

[分布]

重庆、甘肃、河北、黑龙江、吉林、辽宁、内蒙古、宁夏、青海、山东、山西、新疆、云南、浙江等地。

[主要寄主]

常春藤、垂丝海棠、刺槐、二色茉莉、鹤望兰、夹竹桃、金橘、君子兰、梨、李、女贞、散尾葵、石榴、桃、铁线莲、万年青、杏、燕子掌、夜来香、一叶兰、樟树、栀子花、朱顶红、广东万年青等。

[形态特征]

卵：长椭圆形，初产时浅黄色，有透明质感，随后颜色逐渐加深，到后期卵要孵化时呈橙黄色。

若虫：1龄若虫体表橙黄色，光滑；2龄若虫体表已具有分布均匀的蜡质层，体缘具有17对白色蜡刺；3龄若虫刚蜕皮时呈橙黄色，后期体表蜡质层逐渐加厚，末期与雌成虫十分相似。

成虫：雌性椭圆形，体长3~6 mm，淡粉色，身体周围有大量白色蜡粉覆盖，体缘17对白色蜡刺十分明显，尾部1对最长。雄性长约2 mm，紫褐色，前翅发达透明，后翅退化为平衡棒。

[生活史]

康氏粉蚧1年发生2~3代，以卵在枝干缝隙和附近土石缝等隐蔽处越冬。翌年随着寄主的发芽，越冬卵开始孵化。第1代若虫发生盛期为5月上中旬，第2代若虫发生盛期为7月下旬，第3代若虫发生盛期为8月下旬。

[为害特点]

康氏粉蚧主要以成虫、若虫在寄主植物的幼芽、嫩枝、叶片、果实和根部刺吸为害，叶片受害后扭曲、肿胀、皱缩、失水，枯黄萎蔫；嫩枝和根部受害后常肿胀且易纵裂，导致树体生长衰弱而枯死。其排泄的蜜露还会引发煤污病，影响植物光合作用和观赏价值。

[防控治理措施]

（1）剪除带虫枝，保持通风透光，降低虫口密度；春季萌芽前，刮除花木枝干粗皮、翘皮，并集中销毁，破坏越冬场所；翻耕土壤，消灭其中越冬卵。（2）若虫期喷施 3% 高渗苯氧威乳油 3 000 倍液、10% 吡虫啉可湿性粉剂 2 000 倍液、10% 氯氰菊酯乳油 1 000 倍液等。（3）保护和利用日本方头甲、二星瓢虫、红点唇瓢虫、黑缘红瓢虫、中华草岭、粉蚧长索跳小蜂等天敌。

康氏粉蚧为害朱槿　　　瓢虫取食康氏粉蚧

康氏粉蚧背面　　　　康氏粉蚧腹面

小叶榕木虱
Macrohomotoma gladiatean Kuwayama

[分布]

重庆、四川、贵州、云南、广东、广西等地。

[主要寄主]

小叶榕。

[形态特征]

卵：浅黄色，长椭圆形，半透明。

若虫：共 5 个龄期，具有细长而坚韧的口针。

成虫：体长 4.5~5.0 mm，体粗壮，褐色；复眼大而凸，暗褐色，单眼橙色；触角短于头宽，黄色，4~9 节端部及末节褐色，顶端生 1 对刚毛，足黄色，腿节褐色，爪黑色，后足基节无基刺；前翅卵圆而纯尖，透明；外缘有 3 个小褐斑。

[生活史]

小叶榕木虱 1 年发生 4~5 代，越冬代木虱在 10 月上旬产卵，10 月下旬出现孵化盛期，次年 4 月上旬开始出现成虫，5 月上旬出现成虫高峰期；第 1 代木虱于 5 月上旬产卵，6 月上旬出现孵化盛期，7 月上旬为成虫高峰期；第 2 代木虱于 7 月上旬产卵，8 月上旬出现孵化盛期，8 月下旬出现成虫高峰期；第 3 代木虱于 8 月下旬产卵，10 月上旬出现成虫高峰期，4~10 月间世代重叠现象明显。

[为害特点]

该虫以若虫在枝梢上集聚取食为害，使被害枝梢萎缩，叶片变小，枝叶丛生，其间布满白色蜡絮，缠绵成团。严重时造成枝条干枯，叶片皱缩甚至脱落，使树木生长受阻，影响观赏价值；其排泄物还会诱发煤污病。

[防控治理措施]

（1）结合修剪剪除发生严重的枝条，并集中处理；每年 11 月底开始对小叶榕进行树干涂白，防止榕木虱在小叶榕之间转移。（2）喷施 30% 敌百虫乳油 150 倍液或 25% 丙溴磷乳油 200 倍液；利用 50% 乙酰甲胺磷乳油 20 倍液或 30% 敌百虫乳油 20 倍液注干；施用 0.3% 印楝素乳油 200 倍液、1.2% 苦·烟乳油 200 倍液、5% 氟铃脲乳油 500 倍液、Bt 乳油 500~800 倍液、1.5% 除虫菊素水乳剂 1 000 倍液等生物农药。（3）保护拟澳洲赤眼蜂、家蚕追寄蝇、狭颊寄蝇、麻雀及画眉鸟等天敌。

小叶榕木虱为害状

小叶榕木虱为害叶片

小叶榕木虱为害嫩梢

小叶榕木虱成虫背面

小叶榕木虱成虫腹面

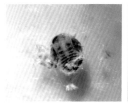

小叶榕木虱若虫背面

小叶榕木虱若虫腹面

小叶榕木虱卵

悬铃木方翅网蝽
Corythucha ciliata Say

[分布]

全国分布。

[主要寄主]

悬铃木属。

[形态特征]

卵：茄形，顶部有卵盖，呈圆形，褐色，中部稍拱突。

若虫：若虫有 5 龄，老熟若虫体长 1.65~1.87 mm、宽 0.88~1.08 mm，头部有 5 枚刺突，触角 4 节，复眼突出。头兜半球形，中胸小盾片黄白色，有 1 对单刺突。前翅前端为褐色，后翅为黄白色。腹部黑褐色，侧缘黄白色，背面中央纵列 4 枚单刺。

成虫：乳白色，两翅基部隆起处的后方具褐色斑；头兜发达，盔状，高度较中纵脊稍高；侧背板、中纵脊和前翅表面的网肋上密生小刺，侧背板和前翅外缘的刺列十分明显；前翅显著超过腹部末端，静止时前翅近长方形；足细长，腿节不加粗；后胸臭腺孔远离侧板外缘。雌虫体长 3.3~3.7 mm，宽 2.1~2.3 mm，腹部肥大，末端圆锥形，产卵器明显；雄虫个体比雌虫稍小，腹部相对瘦小，腹末有一对爪状抱握器。

[生活史]

悬铃木方翅网蝽 1 年发生 4~5 代，秋季主要群集在树皮裂口下以成虫形式越冬。越冬成虫于 4 月中下旬晴天的中午前后爬出活动，取食和交尾。至 5 月第 1 代卵开始孵化，5 月中下旬为第 1 代若虫为害盛期，至 10 月下旬气温低于 10℃时开始越冬。

[为害特点]

悬铃木方翅网蝽以成虫和若虫群集在寄主叶片背面刺吸汁液为害，导致叶片组织失水，首先表现在叶脉周围，多在刺吸部位形成黄白色褪绿的斑点，后发展成青铜色，影响到整个叶片，随后叶片逐渐变黄枯萎，最终导致叶片过早凋落。为害时分泌液状排泄物，干后变黑，与若虫蜕下的皮粘在一起，固着在下部叶片的表面。既影响植物生长，又有碍观赏，造成树势逐渐衰落。该虫的发生为害还会诱发溃疡病和炭疽病，对法桐的正常生长带来为害。

[防控治理措施]

（1）秋季刮除疏松树皮层并及时收集、销毁落地虫叶，减少越冬虫量；该虫出蛰时对降雨敏感，可于春季出蛰时结合浇水对树冠虫叶进行冲刷。（2）若虫期或成虫羽化初期叶面喷施21%噻虫嗪悬浮剂1 500~2 000倍液、10%吡虫啉可湿性粉剂1 500~2 500倍液、0.6%苦参碱乳油400~600倍液或1.2%苦·烟乳油1 000倍液；施用21%噻虫嗪悬浮剂300~800倍液或70%吡虫啉可湿性粉剂500~1 000倍液灌根。（3）保护天敌，如通草蛉、蚁蛛等。

悬铃木方翅网蝽为害状

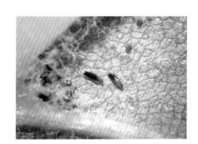
悬铃木方翅网蝽卵

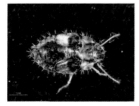
悬铃木方翅网蝽若虫背面

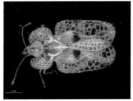
悬铃木方翅网蝽成虫背面

悬铃木方翅网蝽成虫腹面

娇膜肩网蝽
Hegesidemus habrus Drake

[分布]

重庆、华北、华东、甘肃、陕西、四川、河南、广东等地。

[主要寄主]

柳、杨等。

[形态特征]

卵：长椭圆形，略弯，乳白、淡黄、浅红色。

若虫：4龄若虫头黑色，腹部黑斑横向和纵向，分成3小块与尾须连接。

成虫：体长约3 mm，暗褐色，头小，褐色，头兜屋脊状，前端稍锐，覆盖头顶；触角4节，细长，浅黄褐色，第4节端半部黑色；侧背板薄片状，向上强烈翘伸；前胸背板浅黄褐色、黑褐色，遍布细刻点，中隆线和侧隆线呈纵脊状隆起，侧隆线基部与中隆线平行，其前伸向外分支，至胝部又向内稍弯；三角突近端部具大褐斑1块；前翅透明，黄白色，具网状纹；前缘基部稍翘，后域近基部处具菱形隆起，翅上有"C"形暗色斑纹；腹部黑褐色，侧区色淡；足淡黄色。

[生活史]

娇膜肩网蝽1年发生4~5代，以卵在叶片组织中越冬。翌年4月卵开始孵化；5月下旬可见越冬代成虫为害并产卵。第1代6月上旬孵化，第2代6月下旬孵化，第3代7月中旬孵化，第4代8月上中旬孵化，第5代9月下旬至10月中旬孵化，第5代成虫于9月下旬产卵后陆续死亡。

[为害特点]

娇膜肩网蝽主要以成虫、若虫在寄主植物叶背吸食植物汁液为害，被害植株叶片初期呈现黄白色斑点，逐渐转化为锈黄色，叶背有褐色斑点状虫粪，直接影响植物的光合作用；严重时植物叶片反卷脱落，树势逐渐衰落。

[防控治理措施]

（1）及时清理枯枝落叶，消灭其中害虫。（2）虫口量较大时喷施 21% 噻虫嗪悬浮剂 1 500~2 000 倍液、10% 吡虫啉可湿性粉剂 1 500~2 500 倍液、0.6% 苦参碱乳油 400~600 倍液或 1.2% 苦·烟乳油 1 000 倍液。（3）施用 21% 噻虫嗪悬浮剂 300~800 倍液或 70% 吡虫啉水剂 500~1 000 倍液灌根。（4）保护和利用寄生蜂、瓢虫等天敌。

娇膜肩网蝽为害柳树

娇膜肩网蝽为害杨树

娇膜肩网蝽成虫

杜鹃冠网蝽
Stephanitis pyriodes Scott

[分布]

重庆、广东、广西、浙江、江西、福建、辽宁、台湾、湖南等地。

[主要寄主]

杜鹃、樱花、卫矛、冬青、海棠、李、桃等。

[形态特征]

卵：乳白色，长约 0.5 mm、宽约 0.2 mm，呈香蕉形，顶端呈袋口状，末端稍弯。

若虫：共 5 龄，老熟幼虫体扁平，长约 2 mm，宽约 1 mm，前胸发达，翅芽明显，体暗褐色，复眼发达，红色。头、胸、腹均生有刺状突起。杜鹃冠网蝽 5 个龄期的若虫体态差异明显，早期若虫体色暗黑，老熟若虫虫体扁平，长约 2 mm，宽约 1 mm。翅芽明显，复眼发达，前胸发达，其中 5 龄若虫个体呈白色。

成虫：体小而扁平，长约 3.4 mm，宽约 2.0 mm，头小，棕褐色，复眼大而突出；触角 4 节，第 3 节最长；前胸背板发达，有网状纹，向前延伸盖住头部，向后盖住小盾片，两侧伸出呈薄圆片状的侧背片；翅膜质透明，翅脉暗褐色，前翅布满网状花纹，两前翅中间接合呈明显的"X"状花纹；雌虫腹部较圆，呈纺锤形；雄虫腹部细小，呈长卵形。

[生活史]

1 年发生 7~10 代，以成虫和若虫在枯枝落叶、杂草或根际表土中越冬。若气温较高，则越冬现象不明显，几乎全年都可见其为害。每年 3 月下旬越冬成虫和若虫开始活动，至 4 月中旬出现第 1 代若虫，6~9 月发生量最大，为害最严重，世代重叠严重。高温、干旱天气，最适宜该虫发生。

[为害特点]

以成虫、若虫群集于叶背刺吸植物汁液，并排泄粪便，叶片背面出现点状斑点，受害严重时，斑点连成一片，形成苍白花斑，甚至全叶失绿苍白；叶背则粘满黑色小颗粒状排泄物，继而产生黄色污斑与蜕皮壳；被害老叶正面逐渐变成和叶螨为害症状相似的黄褐色，严重影响植物光合作用，植株生长缓慢，提早落叶，极大降低了观赏价值。

[防控治理措施]

（1）人工捕杀；秋末清扫落叶、及时中耕除草，消灭越冬虫源；及时剪除带虫枝并集中销毁；对寄主植物合理施肥，及时清理其周围环境，提高植株自身抗虫力。（2）发生量较大时喷施70%吡虫啉水分散粒剂2 000~4 000倍液、5%啶虫脒乳油2 000~3 000倍液、21%噻虫嗪悬浮剂1 500~2 000倍液或1.8%阿维菌素乳油3 000~5 000倍液、1%甲维盐乳油4 000~6 000倍液等生物农药。（3）保护天敌，如蚁蛛、通草蛉等。

杜鹃冠网蝽为害杜鹃

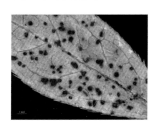

杜鹃冠网蝽虫粪

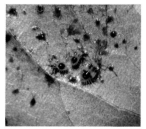

杜鹃冠网蝽若虫

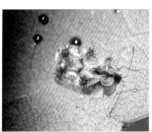

杜鹃冠网蝽成虫背面

杜鹃冠网蝽成虫腹面

梨冠网蝽

Stephanitis nashi Esaki et Takeya

[分布]

全国分布。

[主要寄主]

扶桑、木瓜、栀子花、紫藤、月季、梅花、樱花、含笑、桃树、茶花、茉莉、四季海棠、贴梗海棠、垂丝海棠、杜鹃、蜡梅、杨树等。

[形态特征]

卵：乳白色透明，香蕉形，顶端有一圆形的褐色卵盖。

若虫：初孵若虫体长约 0.6 mm，宽约 0.3 mm，白色透明。若虫 5 龄，第 3 龄出现翅芽。末龄若虫体长约 1.8 mm，宽约 0.8 mm，体淡黄色，腹部背面有一大黑斑。触角淡黄褐色，被细毛。复眼圆形，密布红色小眼。喙伸达中足基节。头部具 5 枚刺突，3 枚位于头前端，呈三角形排列，2 枚在头后方，呈一字形排列。前胸背板刺突 4 枚，中纵脊上 2 枚，较小；背板两侧各 1 枚，较大。中胸背板具刺突 2 枚。翅芽伸达腹部第 4 节，两侧各具刺突 1 枚。腹部背面刺突 4 枚，两侧刺突共 12 枚。

成虫：雄虫体长 2.5~3.0 mm，宽 1.2~1.6 mm；雌虫体长约 3.0 mm，宽 1.5~2.0 mm。头部褐色，复眼椭圆形，红褐色。触角 4 节，淡黄褐色。口喙伸达中足基节。前胸背板黄褐色，被深而粗的刻点，两侧向外突出呈翼片状；头兜囊状，长且两侧窄，宽度为两复眼间距，前端伸达触角第 1 节中部；中纵脊背缘呈圆弧状弓曲。前翅灰白色，半透明，密布网状小室，基部狭窄，之后逐渐增宽，端部呈阔圆状，亚前缘域和中域区隆起呈屋脊状，翅上 "X" 形褐斑明显。腹部褐色。雄虫腹末平截状，雌虫腹末锥形。

[生活史]

梨冠网蝽1年主要发生4代，部分5代，世代重叠。11月上旬之后以成虫在落叶、杂草和土缝中越冬。翌年4月中旬开始活动，2、3代为主害代，每年7月中旬至9月中旬为害最甚。

[为害特点]

梨冠网蝽以成虫、若虫群集在叶背刺吸汁液为害。受害植物叶片失绿，叶面出现黄白色斑点，影响其光合作用，同时在叶背面还可见到黑褐色虫粪黏液和蜕皮壳，叶背呈黄褐色的锈状斑点，引起叶片苍白甚至早期脱落，造成植株衰弱，影响生长发育及开花。

[防控治理措施]

（1）冬春清理枯枝落叶，消灭其中越冬成虫。（2）发生量较大时喷施70%吡虫啉水分散粒剂2 000~4 000倍液、5%啶虫脒乳油2 000~3 000倍液、21%噻虫嗪悬浮剂1 500~2 000倍液等化学农药或1.8%阿维菌素乳油3 000~5 000倍液、1%甲维盐乳油4 000~6 000倍液等生物农药。（3）保护和利用平腹小蜂、瓢虫、草蛉等天敌。

梨冠网蝽为害海棠

桃树梨冠网蝽为害状

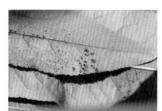
梨冠网蝽若虫

梨冠网蝽成虫背面

梨冠网蝽成虫腹面

星菱背网蝽
Eteoneus sigillatus Drake et Poor

[分布]

重庆、贵州、云南等地。

[主要寄主]

桂花等。

[形态特征]

卵：乳黄色半透明，长椭圆罐形；产于叶背组织中，仅卵盖外露。

若虫：老熟若虫（5龄）体呈椭圆形，黑色，扁平；复眼红色；翅芽明显，黑色，但中间部位呈乳白色；头、胸、腹部、翅芽均有锥状体刺突，其中腹部第2节背面中间具2根，第3、6、7、9各节背面中间及各腹节背面两侧各有1根，臀节端部具2根。

成虫：小型，带翅时体形呈长椭圆形，扁而薄。体呈黑色至褐色，雄虫较雌虫稍小。头黑色，极短，中叶强烈隆起并显著弧状向下倾斜。额刺及背中刺退化呈瘤状，后头刺伸至复眼前缘。复眼肾形，后方具复眼后片。触角较粗短，4节，其中第1、2、4节黑色，第3节棕褐色，上面着生稀疏的刚毛。前胸背板黑色、粗糙（具网状隆起纹）；颈板前缘呈黄褐色且平截；三角突长三角形，后角端部呈黄褐色。前翅长过腹部，休息时缝后域重叠，翅外缘无细锯齿；前缘域1列网室，网脉黄褐色，前翅外缘的基部及中部分别出现1个较宽的半透明条形白斑。

[生活史]

该害虫以成虫于枯枝落叶层中越冬。春季3月份左右气温变暖时，成虫开始出蛰，几天内即开始交配活动；交配后雄虫很快死亡，而雌虫则继续取食并产卵。雌虫一般在寄主嫩叶的叶背上沿着主脉产卵，卵产于叶肉组织中，仅卵盖外露，上面覆盖黑色的块状分泌物。每片叶片上的产卵数多者可达 70~80 枚；产卵历期约 3~4 周，平均每雌虫可产卵 100~200 个。3 月下旬至 4 月初，叶背上即开始出现新生若虫；若虫发育历时 2~3 周，前后共蜕皮 5 次。4 月中下旬为第 1 代若虫出现的高峰期。从活动习性上看，若虫活动迟缓，成虫则爬行较灵活，但一般情况下亦甚少飞翔，一般限定于原植株上活动。

[为害特点]

该害虫以若虫及成虫于桂花叶背面刺吸植物汁液，受害叶正面出现密集的褪绿斑点（似叶蝉为害状），严重者全叶变黄白色；叶背面则覆盖有一层污黄褐色的黏性分泌物，并有许多发亮的液滴状黑点（害虫的分泌及排泄物），以及黏附在黏性分泌物上的若虫蜕皮。害虫发生导致叶片褪绿，严重影响植物叶片的光合作用，导致树势衰弱、萌发能力降低、开花数量降低，观赏价值降低。

星菱背网蝽为害状

[防控治理措施]

（1）物理防治：结合修剪，剪除带虫枝条并集中销毁；树干绑草诱集越冬成虫；冬季彻底清除杂草、落叶，集中烧毁，同时深翻土地，可大大减少越冬虫源以减轻来年为害；由于不排除有害虫于树干下部皮缝中越冬，可以考虑在冬季进行树干涂白处理。

（2）化学防治：喷施 21% 噻虫嗪悬浮剂 1 500~2 000 倍液或 10% 吡虫啉可湿性粉剂 1 000~1 500 倍液。

星菱背网蝽成虫

榕管蓟马
Gynaikothrips ficorum Marchal

[分布]

重庆、福建、台湾、广东、海南、浙江、四川、广西、贵州、江西、上海、黑龙江、辽宁、内蒙古、河北、河南、山东等地。

[主要寄主]

主要为害小叶榕，也可为害细叶榕、龙胆花、杜鹃花、人面子、无花果等植物。

[形态特征]

卵：孵呈块状产于叶瘿内，为长卵圆形，初产时为白色，后变为淡黄色。

若虫：初孵化时为乳白色，后变为淡黄色，无翅，锉吸式口器。卵肾形，乳白色。

成虫：体微小，黑褐色，有光泽，翅透明。触角8节，第1、2节褐色，第3至第6节及第7节基部黄色，第7节端部和第8节淡褐色；前胸背板后缘角有1条长鬃；前翅透明，翅中部不收窄，前后翅翅缘呈平行状，前缘基部有3条前缘鬃，前足胫节黄色，中、后足胫节褐色；腹部末端管状。

[生活史]

榕管蓟马1年发生4~5代，以蛹或成虫在土壤中越冬。翌年6月中旬成虫出现，6月中旬至7月中旬发生第1代，7月中旬至8月中旬发生第2代，8月中旬至9月中旬发生第3代，亦是当年的主害代，9月至10月下旬发生第4代，10月下旬开始为越冬代。有明显的世代重叠现象。

[为害特点]

成虫和若虫均可为害，以其锉吸式口器刮破植物表皮，口针插入组织内吸取汁液为害。受害初期的嫩芽、嫩叶形成大小不一的紫色斑点，为害严重时叶面折叠成饺子状虫瘿。后期，饺子状的叶片会干枯、脱落，严重影响叶片的光合作用，影响榕树的正常生长，受害严重的榕树降低了观赏价值和经济价值，以新梢嫩叶受害最为严重。

[防控治理措施]

（1）结合修剪，剪去过密的枝梢及带虫枝，集中烧毁。（2）虫害大量发生前可施用10%氯氰菊酯1 500~2 000倍液、10%吡虫啉可湿性粉剂2 000~3 000倍液或20%万灵乳油1 000~1 500倍液；形成大量虫瘿后可施用25%丙溴磷乳油、30%乙酰甲胺磷乳油注干；喷施1.8%阿维菌素3 000倍液或0.3%印楝素1 000倍液等生物药剂进行防治。（3）保护小花蝽、华野姬猎蝽、横纹蓟马等野生天敌。

榕管蓟马为害状

榕管蓟马卵

榕管蓟马若虫

榕管蓟马为害小叶榕

局部为害状

女贞饰棍蓟马

Dendrothrips ornatus Jablonowsky

[分布]

分布于华北、东北、西北、西南各地区。

[主要寄主]

丁香、小蜡、金叶女贞等。

[形态特征]

卵：肾形，长约 0.20~0.25 mm，初产时乳白色，后变为黄色。

若虫：乳黄白色，体长 0.55~1.05 mm。

前蛹：乳黄白色，体长约 1 mm。翅芽长达第 2 腹节。

蛹：黄白色，体长约 1 mm，翅芽长达第 5 腹节以后。

成虫：雌虫体长约 1.1 mm，黑褐色。复眼深红色，单眼 3 个，橘红色。触角 8 节。翅狭长如带，前翅后缘平直，边缘有很长的缘毛，前翅有 3 个暗色带和 3 个白色带。腹部黑褐色，中央及两侧色较淡。雄虫长约 0.55 mm，体黄色。前翅有 3 个暗色带和 3 个白色带。

[生活史]

1 年发生多代，12 月上旬以成虫在土表和枯枝落叶层中越冬，翌年 3 月上旬，越冬成虫开始取食为害。4、5 月及 9、10 月为该虫的两个为害高峰期。

[为害特点]

女贞饰棍蓟马以成虫和若虫刺吸植物嫩梢和叶片的汁液为害，被害叶片变小，呈银灰色，嫩梢生长受抑制，严重影响绿化和观赏效果。

[防控治理措施]

　　喷洒或施用21%噻虫嗪悬浮剂2 000倍液、10%吡虫啉可湿性粉剂1 000倍液、3%啶虫脒微乳油2 000倍液、10%高效氯氟氰菊酯水乳剂2 500倍液、2%甲维盐乳油2 000倍液等灌根。

女贞饰棍蓟马为害金叶女贞

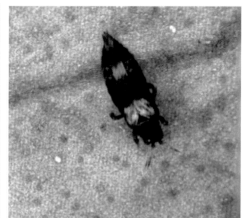

女贞饰棍蓟马成虫

黄蓟马
Thrips flavus Schrank

[分布]

重庆、吉林、辽宁、内蒙古、宁夏、新疆、山西、河北、河南、山东、安徽、江苏、浙江、福建、台湾、湖北、湖南、上海、江西、广东、海南、广西、贵州、云南等地。

[主要寄主]

百合、百日花、柏、扁竹根、茶、大叶桉、大叶桃、桂花、含笑、鸡冠刺桐、金合欢、金丝桃、苦楝、蜡梅、梨、芒果、玫瑰、美人蕉、山茶、单穗柜叶树、细叶桉、夜来香、油茶、油桐、珍珠梅、竹等。

[形态特征]

卵：肾形，淡黄色。

若虫：初孵化时乳白色，2 龄若虫淡黄色，体色随龄期增加逐渐加深；形态与成虫基本相似，无翅；触角 5~7 节，无单眼，复眼鲜红色。

雌成虫：虫体长 1.1~1.2 mm；体呈黄色，头、胸部颜色比腹部颜色深，为棕黄色；触角长 0.2~0.3 mm，共 7 节，第 2 节最大，呈椭球状，第 3~5 节基部颜色较浅，顶端呈黑色，第 7 节细长；复眼呈暗红色，中有橘红色单眼 3 只；头宽大于长，短于前胸，前胸背片略圆；前胸宽大于长，背片布满细密的横纹；翅淡黄色；前翅前缘鬃 21~25 根，前脉鬃 11 根，且为不等距离排列；端鬃 1 根；腹部 9 节，腹长 0.58~0.65 mm，腹宽 0.29~0.30 mm，腹节第 2~3 节较宽；产卵器位于腹部第 7 节；后足胫节两侧均有鬃。

雄成虫：虫体长 0.9~1.1 mm；触角长约 0.2 mm，7 节；触角基部的颜色淡于体色，第 4 节起颜色逐渐加深，顶端为褐色；复眼暗红色，后面有均匀分布的细横纹；单眼 3 只，鲜红色；头宽略大于头长，短于前胸；胸长大于宽；腹部 10 节，第 8 节最狭窄，第 10 节细长；尾鬃 3 对。

[生活史]

1年发生17~19代，世代重叠严重。每年12月中下旬以成虫潜伏在土块、土缝或枯枝落叶间或以若虫在枯枝落叶处越冬。3~4月份，随着寄主的萌芽开始活动，5~9月为为害高峰期。

[为害特点]

黄蓟马以成虫、若虫在植物幼嫩部位吸食为害，叶片受害后常失绿而呈现黄白色，呈灼伤状，叶片不能正常伸展，扭曲变形，或常留下褪色的条纹或片状银白色斑纹。花朵受害后常脱色，呈现出不规则的白斑，严重的花瓣扭曲变形，甚至腐烂。

[防控治理措施]

（1）及时清除田间杂草及枯枝落叶。（2）喷洒5%蚜虱净2 000倍液或20%叶蝉散乳油500倍液。（3）利用天敌南方小花蝽、亚非草蛉、白脸草蛉、梯阶脉褐蛉、塔六点蓟马和蜘蛛等对其进行防治。

黄蓟马为害桂花

黄蓟马为害玉兰

黄蓟马为害蜡梅

黄蓟马若虫背面

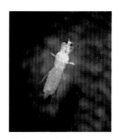
黄蓟马成虫腹面

朱砂叶螨
Tetranychus cinnabarinus Boisduval

[分布]

全国分布。

[主要寄主]

香樟、槐、柳、杨、栾树、槭树、梓树、臭椿、枣、山梅花、木槿、羊蹄甲、芍药、牡丹、茉莉、月季、大丽花、万寿菊、一串红、梅、丁香、海棠、迎春等多种植物。

[形态特征]

卵：圆球形，直径 0.10~0.12 mm，有光泽，初产时透明无色，后渐变为深暗色，孵化前卵壳可见 2 个红色眼点。

幼螨：体半球形，长约 0.15 mm，浅黄色或黄绿色，体背有染色块状斑纹。

若螨：体椭圆形，长约 0.2 mm，足 4 对，体色变深，体侧出现深色斑点，分为第 1 若螨和第 2 若螨两个时期。

雌成螨：体长 0.5 mm 左右，椭圆形，体色常随寄主而异，多为朱红色或锈红色，肤纹呈突三角形至半圆形，体背两侧各有 1 对黑褐色斑纹。被毛 12 对，刚毛状。腹面有腹毛 16 对，气门沟不分支，顶端向后内方弯曲呈膝状。雄成螨比雌成螨小，体长 0.4 mm 左右，背面观呈菱形，红色或淡绿色。背毛 13 对，体末端稍尖。

[生活史]

朱砂叶螨 1 年发生 20 余代，每年春季气温达到 10℃以上时开始为害与繁殖，6 月出现螨量高峰，如遇 7~8 月高温干旱少雨时繁殖迅速，易爆发成灾。

[为害特点]

朱砂叶螨主要集中于叶背刺吸叶片汁液为害，为害初期叶面出现零星褪绿斑点，严重时白色小点布满叶片，造成大量叶片枯黄、脱落，并于叶上吐丝结网，严重影响植物生长发育。朱砂叶螨也可为害花、幼果，造成落花、落果或果实畸形，植株矮化、早衰。

[防控治理措施]

（1）及时清除杂草及枯枝落叶，减少虫源。（2）为害盛期喷施 1.8% 阿维菌素乳油 5 000 倍液、15% 哒螨灵乳油 2 500~3 000 倍液、20% 三氯杀螨醇乳油 800~1 000 倍液等。（3）保护和利用植绥螨科、拟小食螨瓢虫、异色瓢虫、中华草蛉、塔六点蓟马等天敌。

朱砂叶螨为害状

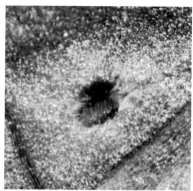

朱砂叶螨成虫

朱砂叶螨为害迎春

二斑叶螨

Tetranychus urticae Koch

[分布]

全国分布。

[主要寄主]

寄主范围广，可为害火炬树、千头椿、国槐、刺槐、加杨、毛白杨、大丽花、月季等 800 余种植物。

[形态特征]

卵：圆球形，直径约 0.1 mm，有光泽，初产为无色透明，后变为淡黄色。

幼螨：近半球形，初孵时无色透明，眼红色，足 3 对，取食后逐渐变为淡黄绿色，体两侧出现深色斑块。

若螨：体椭圆形，淡橙黄色或深绿色，复眼红色，足 4 对，体背两侧各有一个深绿色或暗红色圆形斑，后期与成螨相似。

成螨：体色多变，在不同寄主植物上所表现的体色有所不同，有浓绿、褐绿、橙红、锈红、橙黄色，一般常为橙黄色和褐绿色。雌成螨椭圆形，体长 0.45~0.55 mm，宽 0.3~0.35 mm，前端近圆形，腹末较尖。雄成螨近卵圆形，比雌成螨小，体长 0.35~0.40 mm，宽 0.20~0.25 mm。成螨体背两侧各具有 1 块暗红色或暗绿色长斑，有时斑中部色淡，分成前后 2 块，足 4 对。

[生活史]

二斑叶螨 1 年发生 20 余代，以雌成螨在树体根颈处、树上翘皮裂缝处、杂草根部、落叶和覆草下等处越冬。3 月下旬至 4 月中旬，越冬成螨开始出蛰，当平均气温升至 13℃左右时，开始产卵。4 月底至 5 月初为第 1 代卵孵化盛期。7 月，螨量急剧上升，进入大量发生期，其发生高峰为 8 月中旬至 9 月中旬。当气温降至 17℃以下时，出现越冬雌成螨；当气温进一步下降至 11℃以下时，变成滞育个体。

[为害特点]

二斑叶螨主要以成螨、若螨、幼螨在寄主植物叶背面、芽、茎处刺吸汁液为害。叶片受害初期沿叶脉附近出现失绿斑痕，随着害螨数量增多，受害加重，失绿斑痕加密、相连、扩大，出现凹凸不平，叶片出现苍灰至青铜色，整个叶片变硬变脆，在阳光照射下出现"火状叶"。大量害螨在叶片上吐丝爬行，常堆积成块垂丝下落，借风力传播。

[防控治理措施]

参考朱砂叶螨。

二斑叶螨成虫

二斑叶螨为害状

二　食叶类害虫

Leaf-eating Insects

棕色瓢跳甲
Argopistes hoenei (Maulik)

[分布]

　　重庆、辽宁、江苏、上海等地。

[主要寄主]

　　女贞、毛叶丁香。

[形态特征]

　　卵：椭圆形，淡黄色。

　　老熟幼虫：体粗短略扁，头小、暗褐色；前胸背板骨化，呈浅褐色，分为 2 块；腹部各节背面具横皱，两侧各有 1 瘤突；3 对胸足短小，呈淡黄色。

　　蛹：椭圆形，裸蛹，体表具稀疏的淡褐色刚毛。

　　成虫：圆形，背面十分拱凸似瓢虫；头小，被前胸背板覆盖；复眼大，横径大于两眼间距；前胸背板宽约为长的 3 倍；后足腿节极膨大，呈阔三角形，胫顶端尖锐呈刺状。

[生活史]

　　1 年发生 2 代，以成虫在落叶下、表土层越冬。翌年 5 月越冬成虫出蛰活动，5 月下旬开始产卵，6 月上旬幼虫开始孵化并潜食叶肉，经 2 周左右幼虫老熟，幼虫为害期为 6 月上旬至 7 月上旬。幼虫老熟后入土化蛹。7 月上旬成虫羽化，9~10 月尚有为害。

[为害特点]

　　该虫以成虫啃食叶，在受害叶片上形成许多圆形空洞或不规则黄褐色半透明小斑点；幼虫潜叶取食叶肉，在叶片表皮下形成弯曲的虫道。严重时造成植物大量落叶，严重影响其正常生长和景观效果。

[防控治理措施]

（1）冬季清除杂草、枯枝、落叶，深翻土地，破坏害虫越冬场所。（2）在成虫大量产卵后和幼虫期修剪枝叶，及时清扫被害的鲜绿落叶，然后集中烧毁，以消灭部分虫口。（3）在成虫活动的高峰期，喷施 36% 苦参碱水剂 1 000 倍液、20% 除虫脲乳油 3 000 倍液、20% 斑潜净乳油 1 500 倍液、75% 潜克（灭蝇胺）3 000 倍液、4.5% 高效氯氰菊酯乳油 1 500 倍液或 10% 吡虫啉可湿性粉剂 1 500~2 000 倍液；在幼虫入土化蛹时，地面喷施 5% 阿维因粉剂，或用 50% 辛硫磷乳油 1 000 倍液喷浇树冠周围，以杀死入土的老熟幼虫。

棕色瓢跳甲幼虫为害状

棕色瓢跳甲成虫为害状

棕色瓢跳甲成虫照

女贞潜叶跳甲
Argopistes tsekooni Chen

[分布]

重庆、辽宁、江苏等地。

[主要寄主]

金叶女贞、小叶女贞、大叶女贞、小蜡、白蜡、丁香、桂花等木犀科植物。

[形态特征]

卵：长椭圆形，淡黄白色，长 0.5 mm 左右。

幼虫：初孵幼虫体长 0.3 mm 左右，淡黄白色，略透明。头前口式，浅褐色，触角 3 节，单眼 2 个透明，前胸背板有 2 块方形黑斑。老熟幼虫体长 4.5~6.3 mm，鲜黄色。头浅褐色，背面两侧向后突伸，上颚发达掌状，褐色。前胸背板骨化，浅褐色，分为 2 块。腹部各节背面有横皱，两侧各有一发达的瘤突。

蛹：体长 2.0~2.5 mm，卵圆形，鲜黄色。复眼浅褐色。胸、腹部背面有长毛。

茧：土质，椭圆形，内壁光滑，外壁粗糙，长 4.0~4.5 mm。

成虫：体长 2.0~2.5 mm，宽约 1.5 mm，圆形或椭圆形，黑色，背面十分拱凸，似瓢虫。头小，缩入胸腔，从背部几乎看不到头部。触角 11 节，基部 4 节棕黄色，端部棕黑色。每鞘翅中部有 1 个尖端向上杏仁状红斑，鞘翅缘折明显。各足跗节和膝关节棕黄色，后足腿节黑色，十分膨阔，呈阔三角形，里面有 1 个骨化的跳器，可跳跃，后足胫节顶端尖锐成刺状。雄虫体略小，体长 1.5~2.0 mm。

[生活史]

女贞潜叶跳甲 1 年发生 3 代，以老熟幼虫在土层中越冬。翌年 4 月上中旬羽化为成虫。4月下旬至5月上旬成虫交尾，产卵于叶背（少数叶表）表皮组织。5月初第1代幼虫开始潜入叶片内取食叶肉。5月下旬至6月上旬化蛹，6月中下旬羽化成虫。7月上旬至下旬第2代幼虫出现，8月上中旬羽化，8月下旬至9月上旬第3代幼虫发生，9月底至10月上中旬老熟幼虫发生开始越冬。

[为害特点]

女贞潜叶跳甲以成虫啃食叶，在受害叶片上形成许多圆形空洞或不规则黄褐色半透明小斑点；幼虫潜叶取食叶肉，在叶片表皮下形成弯曲的虫道。严重时造成植物大量落叶，严重影响其正常生长和景观效果。

[防控治理措施]

（1）清理枯枝落叶及女贞丛中的土块，消灭隐于其中未羽化的虫蛹。（2）喷施20%斑潜净乳油1 500倍液、2.5%功夫菊酯乳油2 000倍液或20%除虫脲3 000倍液防治成虫。（3）喷施或施用21%噻虫嗪悬浮剂2 000倍液或10%吡虫啉可湿性粉剂1 000~1 500倍液等内吸性药剂灌根，防治初孵幼虫。

女贞潜叶跳甲成虫为害状

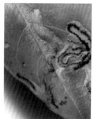

女贞潜叶跳甲幼虫为害状

女贞潜叶跳甲成虫

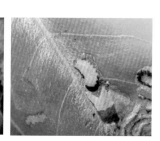

女贞潜叶跳甲幼虫

柳蓝叶甲
Plagiodera versicolora Laicharting

[分布]

重庆、黑龙江、吉林、辽宁、内蒙古、甘肃、宁夏、河北、山西、陕西、山东、江苏等地。

[主要寄主]

桑树、各种柳树等。

[形态特征]

卵：椭圆形，长约 0.8 mm，橙黄色。

幼虫：体长约 6 mm，体略扁平，胸部最宽，向后渐狭。头黑褐色，体灰黄色，胸部 2~3 节背面有 6 个黑色瘤状突起，腹部每节 4 个，两侧有乳突。

蛹：长约 4 mm，黄褐色，椭圆形。

成虫：体长 3~5 mm，近椭圆形，深蓝色，有金属光泽，鞘翅上有排列成行点刻。头部横阔，触角第 1~6 节较小，褐色，第 7~11 节较粗大，深褐色，有细毛。复眼黑褐色，前胸背板光滑，横阔，前缘呈弧形凹入。

[生活史]

柳蓝叶甲 1 年发生 9 代，以成虫在落叶层和土中越冬，翌年 3 月中下旬日平均温度达 12℃以上，柳树发芽时即开始出蛰上树活动取食，7~10 d 后交尾、产卵。各代幼虫分别于 4 月中旬、5 月中旬、6 月上旬、7 月上旬、8 月上旬、8 月下旬、9 月中旬、10 月上旬出现。10 月下旬成虫陆续入土越冬。柳蓝叶甲除第 1 代稍整齐外，以后各世代重叠严重，随时均可见到 4 个虫态。

[为害特点]

柳蓝叶甲主要以成虫、幼虫啃食柳条叶片为害。2 龄以前主要群集于未展开的新叶里吐丝结网，群集为害，幼虫取食叶片上表皮和叶肉，仅留下表皮，呈窗户纸状，干枯后破裂；3龄后分散为害，以幼虫啃食叶片成孔洞或缺刻；4龄以后为暴食期，大量取食常造成叶片"焦枯"，叶片无一完整。

[防控治理措施]

（1）利用成虫具假死性，于早晨气温较低时，震落捕杀；于成虫越冬前，及时清除苗圃地落叶、杂草，减少其越冬场所。（2）成虫、幼虫在树上取食为害活动期，尤其是成虫初上树期，喷洒4.5%高效氯氟氰菊酯乳油2 000~3 000倍液、25%灭幼脲悬浮剂1 000~2 000倍液、Bt乳油800~1 000倍液、0.6%苦参碱乳油400~600倍液或1.2%苦·烟乳油1 000倍液；在老熟幼虫下树化蛹越冬期间，可在化蛹场所如树冠下土壤进行翻耕、松土，有效消灭越冬成虫。（3）保护利用益螨、蝎蝽、猎蝽、大腿蜂、胡蜂、螳螂等天敌。

柳蓝叶甲卵

柳蓝叶甲幼虫

柳蓝叶甲蛹

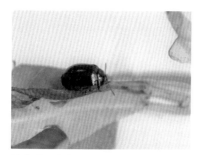
柳蓝叶甲成虫

柳蓝叶甲为害状

黑额光叶甲

Smaragdina nigrifrons Hope

[分布]

重庆、辽宁、河北、北京、山西、陕西、山东、河南、江苏、安徽、浙江、湖北等地。

[主要寄主]

南紫薇、女贞、葛藤、杠板归、算盘子、白茅属、蒿属等。

[形态特征]

成虫：体长 6.5~7.0 mm，宽约 3.0 mm，体长方形至长卵形。头漆黑，前胸红褐色或黄褐色。光亮，有的生黑斑，小盾片、鞘翅黄褐色至红褐色，鞘翅上具黑色宽横带 2 条，一条在基部，一条在中部以后。触角细短，除基部 4 节黄褐色外，其余黑色至暗褐色。腹面颜色雌雄差异较大，雄性多为红褐色，雌虫除前胸腹板、中足基节间黄褐色外，大部分黑色至暗褐色。足基节、转节黄褐色，余为黑色。头部在两复眼间横向下凹，复眼内沿具稀疏短竖毛，唇基稍隆起，有深刻点，上唇端部红褐色，头顶高凸，前缘有斜皱。前胸背板隆凸，小盾片三角形。鞘翅刻点稀疏，呈不规则排列。（其他形态未能发现）

[生活史]

以成虫为害叶片，成虫有假死性，喜在阴天或早晚取食，雨天或强日照的中午少见，多栖息于叶背面。

[为害特点]

成虫取食时，一般都是从叶缘开始进行啃食，在叶缘形成较浅的宽形缺刻，或是通过向纵深方向啃食形成长条形缺刻。在同一叶片上，同一害虫的取食位置常常频繁更换，即在某一点上取食片刻后会转移到另外一点（或旧的缺刻）上进行取食，导致受害叶片出现多个或深或浅、形状不一的缺刻。严重受害的叶片破碎不堪，有的发生萎蔫皱缩。其幼虫及成虫均被发现取食该植物的嫩叶及嫩芽，严重时植株顶梢上部叶片被食光，仅留下叶柄。

[防控治理措施]

为害严重的可喷洒 20% 菊·杀乳油 2 000 倍液或 50% 辛硫磷乳油 1 000 倍液、50% 马拉硫磷乳油 1 000~1 500 倍液、20% 虫死净（抑食肼）可湿性粉剂 2 000 倍液。

黑额光叶甲成虫

黑额光叶甲雌雄交配

蔷薇三节叶蜂
Arge geei Rohwer

[分布]

重庆、上海、浙江、福建、湖南、广东、香港、贵州、四川、云南等地。

[主要寄主]

月季、蔷薇、十姐妹等蔷薇科花木。

[形态特征]

卵：椭圆形，长 1.3~1.5 mm，宽 0.6~0.8 mm。刚产下时为乳白色，随着胚胎发育颜色逐渐加深变黑。

幼虫：初孵幼虫乳白色，头浅灰色，稍后头变褐或黑，取食后虫体呈淡绿色，老熟后接近结茧时虫体缩短、变黄。胸足 3 对，黑色，但节间处浅绿色；腹足 6 对，浅绿色，着生在第 2~6 及第 10 腹节上。幼虫雌性共 6 龄，雄性 5 龄且较雌幼虫小。雌幼虫在 1~5 龄时光滑无斑、无颗粒，但 6 龄则具大而显著的黑色颗粒状毛疣，雄幼虫 5 龄时亦有黑颗粒毛疣，但较 6 龄雌幼虫的小，待缩短变黄后黑颗粒才显著。

蛹：浅黄色，复眼黑色；长 7~10 mm，宽 3~5 mm；近羽化时变成黑色。

茧：长椭圆形，丝质、双层，内层较外层精细，薄膜状，外层较粗糙，肉眼可见明显且近圆形的网眼。雌茧长 10~12 mm，宽（茧径）4~6 mm，雄茧长 8~9 mm，宽 3~4 mm。

成虫：雌虫体长 7.5~8.5 mm，翅展 18.5~19.0 mm，雄虫体长 15.5~16.5 mm，翅展 14.0~15.0 mm。头、胸部蓝色，有金属光泽，腹部黄色。雄虫腹部第 I、II 背片基部为淡黑色。触角 3 节，黑色，第 3 节长，雄触角第 3 节茸毛较雌触角的长、粗。足黑色，具蓝色金属光泽。翅淡烟褐色，翅脉、翅痣黑色；唇基前缘具圆的凹缘；触角下方具明显的中脊，侧脊在下方互相呈圆形连接；产卵器锯状，锯齿由若干小齿构成。

[生活史]

蔷薇三节叶蜂1年发生7代,以蛹越冬。翌年3月中旬成虫开始羽化,3月中旬开始产卵。各代幼虫出现的时间分别为4月上旬、5月中旬、6月下旬、7月上旬、7月下旬、8月下旬、10月中旬,11月中旬开始越冬。世代重叠严重。

[为害特点]

蔷薇三节叶蜂以幼虫啃食植物叶片为害。幼虫孵化以后,群集在附近取食嫩叶,2龄后逐渐分散为害。有产卵痕的枝梢,叶片常常被啃食殆尽,仅剩下主脉。

[防控治理措施]

（1）冬春季挖茧消灭越冬幼虫；成虫产卵盛期剪除产卵枝梢；幼虫发生期人工捕捉幼虫。（2）幼虫发生期喷施90%敌百虫晶体800~1 000倍液、2.5%溴氰菊酯乳油2 500~3 000倍液、1.2%苦·烟乳油800~1 000倍液或20%除虫脲悬浮剂7 000倍液。（3）保护和利用三突花蛛、土黄逍遥蛛、黄褐新圆蛛、异色瓢虫、大草蛉、中华大刀螳等天敌。

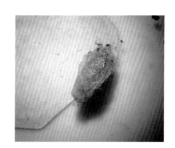

蔷薇三节叶蜂茧

蔷薇三节叶蜂为害月季

蔷薇三节叶蜂成虫

蔷薇三节叶蜂产卵处

杜鹃三节叶蜂

Arge similis Vollenhoven

[分布]

重庆、上海、江苏、浙江、云南、广东、青海、四川、广西、香港等地。

[主要寄主]

杜鹃、锦绣杜鹃、红桦、白桦、糙皮桦、银桦等。

[形态特征]

卵：椭圆形，长 1.5~2.1 mm，宽 1.4~1.7 mm。初产时呈乳白色，略透明，之后颜色逐渐加深，至孵化时呈黄褐色，略有膨大。产卵处的叶组织初呈水浸状，随后变为黑褐色。

幼虫：共 5 个龄期。初孵幼虫体长约 3.5~4.0 mm，具 3 对胸足，腹足不明显，体呈乳白色；2~5 龄幼虫头浅黄色；每个体节背面有 3 列横排的黑色毛瘤，毛瘤上长有 3 条较长的黑色硬毛。

蛹：裸蛹，体长约 12 mm，椭圆形，呈黄白色，体被淡黄白色丝茧。

成虫：雌成虫体长 9~10 mm，雄成虫略短于雌成虫，且体型较瘦小。触角 3 节，黑色。雌成虫触角鞭节扁平，触角长度不超过体长之半；雄成虫触角鞭节呈长线状，触角长于体长之半。体色暗蓝色，有金属光泽，头胸被黑色短绒毛。复眼大，椭圆形，单眼 3 个，位于头顶，呈三角形排列。胸部背板光滑，中胸盾片发达，中部有一长心形隆起。小盾片发达，隆起明显。前翅有短绒毛。

[生活史]

杜鹃三节叶蜂 1 年发生 7 代，以蛹在植株周围的枯枝落叶或土表浅层越冬。翌年 2 月下旬越冬蛹陆续开始羽化为成虫，3 月中上旬即开始产卵，3 月下旬可见第 1 代幼虫。4 月中下旬为第 1 代成虫的羽化盛期；第 2 代开始出现世代重叠现象，各代历时约 1 个月；至 11 月下旬，第 7 代幼虫开始化蛹越冬。

[为害特点]

　　杜鹃三节叶蜂以幼虫取食杜鹃叶片为害，致使叶片缺刻明显，甚至仅留主脉和部分叶尖。1~2龄幼虫常群集取食，3龄幼虫中期后开始分散取食，形成缺刻或仅留叶脉。

[防控治理措施]

　　（1）剪除带虫枝并集中销毁；冬季清除枯枝落叶，消除其中越冬蛹。

　　（2）幼虫发生期喷施21%噻虫嗪悬浮剂2 000倍液、10%吡虫啉可湿性粉剂1 000~1 500倍液、40%乙酰甲胺磷乳剂3 000倍液或2.5%溴氰菊酯乳剂5 000倍液等。

杜鹃三节叶蜂为害杜鹃

杜鹃三节叶蜂低龄幼虫

杜鹃三节叶蜂老熟幼虫

杜鹃三节叶蜂成虫

桂花叶蜂
Tomostethus sp.

[分布]

广泛分布于长江中下游地区。

[主要寄主]

桂花。

[形态特征]

卵：椭圆形，长 1.5~2.0 mm，黄绿色，半透明。

幼虫：体长 18~20 mm，体黄绿色，头黑褐色；半透明，3 龄以后通常能看到背部消化道中深绿的碎叶；腹足 7 对。

茧：长约 10 mm，长圆筒形，颜色一般随泥土颜色而变化。

成虫：体长 6~8 mm，宽 1.5~2.0 mm，体黑色，有金属光泽。触角丝状，复眼黑色。胸部背面有瘤状突起，翅膜质，薄而透明。足除腿节外，均为黑色，附有黑褐色毛。

[生活史]

该虫 1 年发生 1 代，以幼虫在土茧中越冬。翌年 2 月下旬开始羽化并交配产卵，3 月上旬幼虫开始为害。

[为害特点]

该虫以幼虫啃食叶片为害，严重时 1 片嫩叶上有 8~12 条幼虫，短期内可把桂花嫩梢上的叶片吃光。受害严重的桂花树基本看不到新的嫩叶，仅剩稀疏的新发枝梢。幼虫一般从树冠顶部开始为害，并逐步向下发展，很少取食老叶。

[防控治理措施]

（1）成虫羽化期人工捕杀成虫；幼虫为害密度较低时，可人工摘除带虫叶或剪除受害枝条；秋冬季清除枯枝落叶并人工松土，消灭其中越冬幼虫。（2）幼虫为害期喷施 3% 高渗苯氧威乳油 1 500 倍液、40% 毒死蜱乳油 1 000 倍液、21% 噻虫嗪悬浮剂 2 000 倍液或 10% 吡虫啉可湿性粉剂 1 000~1 500 倍液等；喷施 16 000 IU/mg Bt 可湿性粉剂 500~700 倍液、1.2% 苦·烟乳油 800~1 000 倍液或 25% 灭幼脲 3 号悬浮剂 2 000 倍液等生物农药。（3）保护和利用姬蜂等天敌。

桂花叶蜂为害桂花

桂花叶蜂幼虫

褐斑白蚕蛾
Ocinara brunnea Wileman

[分布]

重庆、台湾等地。

[主要寄主]

黄葛树、榕、印度榕、高山榕、北碚榕、菩提树、无花果、桑和构树，其中，最喜取食黄葛树和榕，为寡食性。

[形态特征]

卵：圆形或近椭圆形，扁平。径约 0.7 mm，初产时为淡黄色，后逐渐变橘红色，至孵化前呈黑褐色。

幼虫：老熟幼虫体长 20.1~39.3 mm。灰褐色或棕褐色，有黄白色斑。头部沿头裂有两深色条斑。腹部第 5~8 节背面有两较大色斑。腹足 4 对，趾钩缺环，尾部有一尾角。幼虫初孵黑色被长毛，2~4 龄为白色，5 龄后逐渐呈灰褐色或棕褐色，具色斑。

蛹：纺锤形，长 9~10 mm，黄白色，末端钝圆；无臀刺；外被白色或黄色的茧。

成虫：翅展 19.1~34.2 mm。体翅棕褐色。触角色淡，腹面深黄褐色。双栉状，前翅前缘色稍淡，中部及近顶角处有深色斑。中线及外线赭棕色，波状。亚外缘线在各翅脉上呈赭色点排列。后缘中部色淡。中室端有新月形黄褐色斑，缘毛赭色；后翅赭褐色，中部略外方有花瓣状线纹；后角向外略突出，后缘略内陷，有赭褐色斑点。

[生活史]

褐斑白蚕蛾 1 年发生 4~5 代。以第 5 代的 4~5 龄幼虫在树上越冬。越冬幼虫翌年 3 月底化蛹，4 月中下旬出现成虫并产卵；第 1 代幼虫 5 月下旬出现，6 月下旬化蛹，羽化为成虫；第 2 代幼虫 7 月上旬出现，7 月下旬化蛹；第 3 代幼虫 8 月上旬出现，8 月下旬化蛹；第 4 代幼虫 9 月上旬出现，10 月上旬化蛹；第 5 代幼虫 10 月中旬出现。各代有世代重叠。

[为害特点]

初孵幼虫常在卵壳附近叶背取食叶肉，仅留下表皮，取食后的叶呈橘黄斑，似病斑；1~4龄幼虫取食叶肉；5龄以后造成明显缺刻，甚至将叶片吃光，只留下叶脉。幼虫以早、晚取食量大。常栖息于叶背面或叶缘，老熟幼虫则栖息于嫩枝或叶柄上。9月中旬至10月上旬为幼虫为害最严重的时期。整株叶片可被吃光，虫量大时幼虫沿树干迁移或吐丝下垂，随风飘移到其他植株继续为害。

[防控治理措施]

（1）喷施30%敌百虫乳油150倍液或25%丙溴磷乳油200倍液；用50%乙酰甲胺磷乳油20倍液或30%敌百虫乳油20倍液注干；施用0.3%印楝素乳油200倍液、1.2%苦·烟乳油200倍液、5%氟铃脲乳油500倍液、Bt乳油500~800倍液、1.5%除虫菊素水乳剂1 000倍液、绿僵菌600倍液等生物农药。（2）生物防治：保护拟澳洲赤眼蜂、家蚕追寄蝇、狭颊寄蝇、麻雀及画眉鸟等褐斑白蚕蛾的自然天敌。

褐斑白蚕蛾为害小叶榕

褐斑白蚕蛾成虫

褐斑白蚕蛾卵

褐斑白蚕蛾低龄幼虫

褐斑白蚕蛾高龄幼虫

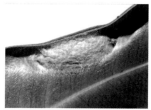
褐斑白蚕蛾蛹

国槐尺蠖

Semiothisa cinerearia Bremer et Grey

[分布]

重庆、河北、江苏、安徽、北京、江西、陕西、山东等地。

[主要寄主]

国槐、龙爪槐等。

[形态特征]

卵：椭圆形，长 0.58~0.67 mm，宽 0.42~0.48 mm，初产时绿色，后渐变暗红色至灰黑色，卵壳透明。

幼虫：胸足 3 对，腹足 2 对。初孵时黄褐色，取食后为绿色。2~5 龄幼虫均为绿色，老熟幼虫体长 20~40 mm，体背变为紫红色。

蛹：长 13~16 mm，初时为粉红色，渐变为紫色，臀棘具钩刺 2 枚。

成虫：体长 12~17 mm，翅展 30~45 mm。体灰褐色，触角丝状。口器发达，下唇须长卵形，突出于头部。前翅的亚基线与中线呈褐色，靠前缘处均向外缘急弯成一锐角，由黑褐色的斑块组成。后翅亚基线不明显，中线及亚外缘线均呈弧形，褐色。

[生活史]

该虫 1 年发生 3 代，以蛹在林下浅土层中越冬，翌年 4 月中下旬陆续羽化，5 月下旬进入第 1 代幼虫为害盛期，第 2 代和第 3 代幼虫为害盛期分别是 7 月上中旬和 8 月中下旬。每代幼虫化蛹盛期为 5 月下旬、7 月中下旬及 8 月中下旬，9~10 月份仍有少数幼虫化蛹越冬。

[为害特点]

1~3 龄虫取食少，常钻入芽苞取食幼叶，可吐丝下垂，随风扩散；3 龄以后其食量猛增，取食叶肉仅留中脉。该虫是国槐的暴食性害虫，大发生时，短期内可以把整株大树叶片食光。

[防控治理措施]

（1）在当年 9 月至 11 月及翌年 2 月底至 3 月底的害虫蛹期进行人工挖蛹；每年秋季及翌年春季，清除绿篱下的枯枝、落叶及浮土，消灭其中虫蛹；在成虫发生期利用黑光灯诱杀成虫。（2）幼虫发生期喷施 100 亿孢子 /g 的苏云金杆菌 2 000 倍液、20% 灭幼脲 3 号 1 000 倍液、20% 氰戊菊酯乳油 4 000 倍液、50% 杀螟松乳油 1 500~2 000 倍液、25% 的溴氰菊酯乳油 1 500~2 000 倍液、10% 的氯氰菊酯乳油 1 500~2 000 倍液；化蛹时，在树下撒施 5% 的辛硫磷颗粒剂 3~5g/m2，杀死化蛹幼虫。（3）保护和利用胡蜂、大草蛉等天敌。

国槐尺蠖为害状　　国槐尺蠖低龄幼虫　　　　　　国槐尺蠖高龄幼虫

国槐尺蠖卵　　　　　国槐尺蠖蛹　　　　　国槐尺蠖幼虫受惊后吐丝下落

黄刺蛾
Cnidocampa flavescens Walker

[分布]

全国分布。

[主要寄主]

栾树、重阳木、梅、红叶李、法国梧桐、紫薇、茶花、桂花、黄刺梅、月季、栀子花等。

[形态特征]

卵：长 1.5 mm 左右，宽 0.9 mm 左右，椭圆形略扁平，呈块状，每块数十粒。初产时为黄白色，后变黑褐色。

幼虫：老熟幼虫体长 19~25 mm，体粗大。头部黄褐色，隐藏于前胸下。胸部黄绿色，体自第 2 节起，各节背线两侧有 1 对枝刺，以第 3、4、10 节的为大，枝刺上长有黑色刺毛。体背前后宽大，中部狭细成哑铃形，上有紫褐色斑纹，末节背面有 4 个褐色小斑。体两侧各有 9 个枝刺，体侧中部有 2 条蓝色纵纹。气门上线淡青色，气门下线淡黄色。

蛹：被蛹，椭圆形，粗大。体长 13~15 mm，淡黄褐色，头、胸部背面黄色，腹部各节背面有褐色背板。茧：椭圆形，质坚硬，黑褐色，有灰白色不规则纵条纹，形似雀蛋。

成虫：体长 13~17 mm，雄虫体稍小。体粗短，橙黄色，头胸及腹前后端背面黄色，喙退化。头小，复眼球形，黑色。触角，雄虫双栉齿状，雌虫丝状，皆为灰褐色。前翅内部黄色，外部灰褐色，从顶角向后缘有两条暗褐色斜纹，呈倒"V"形，沿翅外缘有棕褐色细线，翅中部有 2 个褐色斑点。后翅灰黄色，边缘色较深。

[生活史]

每年发生 1 代，以老熟幼虫在茧内滞育越冬越夏。越冬幼虫于次年

4月份开始化蛹，4月下旬至5月初为化蛹盛期，5月中旬成虫开始羽化，5月下旬达羽化高峰期，5月中旬成虫开始产卵，下旬幼虫开始孵化，6月下旬幼虫老熟并爬向树干或枝条枝丫处吐丝结一钙质茧，7月中旬以后野外已看不到为害的幼虫。

[为害特点]

黄刺蛾主要以幼虫啃食寄主叶片为害，初孵幼虫往往群居在产卵过的叶片上，啃食叶肉，留下叶脉，被害叶片呈网状。幼虫3龄后分散活动，蚕食叶片，造成叶片残缺，严重时只留叶柄。

[防控治理措施]

（1）在黄刺蛾越冬代茧期，剪除树上虫茧、挖取土中虫茧予以消灭，降低虫口基数；低龄幼虫喜群集取食，可人工摘除带虫叶；成虫期利用黑光灯对其进行诱杀。（2）幼虫发生期喷施20%氰戊菊酯4 000倍液、2.5%溴氰菊酯乳油4 000倍液、25%高渗苯氧威可湿性粉剂300倍液或20%除虫脲悬浮剂7 000倍液、Bt乳油500倍液等生物农药。（3）保护和利用刺蛾紫姬蜂、刺蛾广肩小蜂、上海青蜂、绒茧蜂等天敌。

黄刺蛾幼虫及其为害状

丽绿刺蛾
Parasa lepida Cramer

[分布]

重庆、四川、云南、湖南、浙江、江苏、上海、江西、安徽等地。

[主要寄主]

蔷薇科、榆科、大戟科、樟科、杨柳科等。

[形态特征]

卵：扁椭圆形，黄绿色。

幼虫：初孵幼虫长 1.1~1.3 mm，宽约 0.6 mm，黄绿色，半透明。老熟幼虫体长 24.0~25.5 mm，体宽 8.5~9.5 mm；头红褐色，前胸背板黑色，身体翠绿色，背线基色黄绿；腹部第 1 和第 9 节枝刺梢部有数根刺毛，基部有黑色瘤点；第 8~9 腹节腹侧枝刺基部各着生 1 对由黑色刺毛组成的绒球状毛丛，体侧有由蓝、灰、白等绒条组成的波状条纹，后胸侧面至腹部第 1~9 节侧面均具枝刺，以腹部第 1 节枝刺较长。

蛹：卵圆形，黄褐色。

茧：扁椭圆形，黑褐色，其一端往往附着有黑色毒毛。

成虫：雌成虫体长 16.5~18.0 mm，翅展 33~43 mm；雄成虫体长 14~16 mm，翅展 27~33 mm。头翠绿色，复眼棕黑色；触角褐色，雌虫触角丝状，雄虫触角基部数节为单栉齿状。胸部背面翠绿色，有似箭头形褐斑。前翅翠绿色，翅基有近平行四边形深褐色斑，翅前缘 1/4 处向后缘中有一弧形线，线外形成深褐色阔带，缘毛深褐色，后翅浅褐色。腹部浅褐色，背面深褐色，缘毛浅褐色。

[生活史]

1 年发生 2 代，以老熟幼虫在枝干上结茧越冬。翌年 5 月上旬化蛹，5 月中旬至 6 月上旬成虫羽化并产卵。第 1 代幼虫为害期为 6 月中旬至

7 月下旬，第 2 代为 8 月中旬至 9 月下旬。

[为害特点]

该虫以幼虫取食叶片为害，其中低龄幼虫取食表皮或叶肉，致叶片呈半透明枯黄色斑块；大龄幼虫食叶呈较平直缺刻，严重时幼虫把叶片吃至仅剩叶脉，甚至叶脉全无；幼虫 3 龄前群集为害，4 龄开始分散为害。

[防控治理措施]

（1）在幼虫群集为害期人工捕杀。（2）冬季人工敲除或剪掉虫茧。（3）成虫发生期利用黑光灯对其进行诱杀。（4）幼虫发生期喷施 1.2% 苦·烟乳油 100 倍液，用 20% 除虫脲悬浮剂 1 0000 倍液或 4.5% 的高效氯氰菊酯乳油 2 000 倍液等。（5）保护和利用寄生蜂等天敌。

丽绿刺蛾幼虫

曲纹紫灰蝶
Chilades pandava Horsfield

[分布]

重庆、广西、广东、台湾、香港、四川、上海、海南、福建、浙江、江苏、北京、贵州等地。

[主要寄主]

主要为害苏铁科苏铁属的植物。

[形态特征]

卵：圆形，略扁，白色，直径 0.3~0.5 mm，表面粗糙有刻点和网纹。

幼虫：无足，蛞蝓形，体扁，前后薄而中间厚，老熟幼虫 9~13 mm，宽 3~4 mm。体色呈黄色，略带淡红色。

蛹：体粗短，呈长椭圆形，长 7~12 mm，宽 3~4 mm；胸腹部分界明显；腹部较肥胖，端部较圆钝，在蛹后期腹部各体节背面中间和两侧有褐色斑纹，体色由黄色变深褐色。

成虫：雌虫体长 8~12 mm，翅展 26~32 mm，雄虫体长约 12 mm，翅展约 28 mm；触角棒状，各节基部白色；胸部黑色具蓝紫色鳞片；腹部黑色；前后翅正面近基部蓝紫色，前翅正面灰褐色、无明显斑纹；后翅燕尾端部白色，正面外缘有 2 列新月形白斑，近后缘有 1 个橙黄色新月形斑；前后翅反面灰褐色，均有白色新月形斑，后翅反面前缘近基部处有 3 个圆形黑斑，外缘后端有 1 个较大的圆形黑斑，斑内侧有 1 个橙黄色新月形斑。

[生活史]

曲纹紫灰蝶 1 年发生 6~10 代，以卵、幼虫和蛹于枯枝烂叶上越冬，气候暖和的地区无明显越冬现象。该虫的发生与苏铁的叶期密切相关，全年 7~10 月为害最为严重。

[为害特点]

该虫主要以幼虫群集蛀食苏铁新抽出的拳卷羽叶、叶轴、嫩芯和叶柄，或咬断小叶为害，2~3 d 能将新生羽叶咬得残缺不全，以致羽叶一抽出即已被食害，甚至整轮叶片干枯死亡，造成龙头状。湿度大时被害部位会产生琥珀色流胶。

[防控治理措施]

（1）苏铁抽发新叶期间，人工摘除卵块；成虫发生期人工捕杀或利用黑光灯诱杀。（2）幼虫期施用 21% 噻虫嗪悬浮剂 300~800 倍液或 70% 吡虫啉水分散粒剂 500~1 000 倍液灌根；喷施 4.5% 高效氯氟氰菊酯乳油 2 000~3 000 倍液、25% 灭幼脲悬浮剂 1 000~2 000 倍液、Bt 乳油 800~1 000 倍液、20% 除虫脲悬浮剂 4 000~5 000 倍液、0.6% 苦参碱乳油 400~600 倍液或 1.2% 苦·烟乳油 1 000 倍液。

曲纹紫灰蝶为害状

曲纹紫灰蝶幼虫

曲纹紫灰蝶老熟幼虫为害

曲纹紫灰蝶蛹

曲纹紫灰蝶成虫

舞毒蛾
Lymantria dispar Linnaeus

[分布]

全国分布。

[主要寄主]

寄主广泛，可为害杨、柳、栎、榆、海棠、梨、樱桃等 500 余种植物。

[形态特征]

卵：圆形，两侧稍扁，直径约 1.3 mm，初期为杏黄色，后期转为褐色，卵粒密集在一起，形成 1 个卵块，上有黄褐色绒毛。

幼虫：1 龄幼虫头宽约 0.5 mm，体态呈黑褐色，刚毛长，且中间具有呈泡状扩大样的毛；老龄幼虫头宽 5.3~6.0 mm，头部淡褐色，散生黑点，"<"形黑色斑纹宽大，背线灰黄色，亚背线、气门上线及气门下线部位各体节均有毛瘤。共排 6 纵列，背面 2 列毛瘤色泽鲜艳，前 5 对蓝色，后 7 对为红色。

蛹：体长 19~34 mm，雌蛹体形较大，雄蛹较小，体态呈红褐色或黑褐色，体表被黄褐色绒毛。

成虫：雌雄异型，雄蛾体长 16~21 mm，翅展 37~54 mm，前翅呈灰褐色或褐色，有深色锯齿状横线。中室中央有 1 个黑褐色点，横脉上有一弯曲形黑褐色纹，前后翅反面呈黄褐色。雌蛾体长 22~30 mm，翅展 58~80 mm，前翅呈黄白色，中室横脉明显具有 "<"形黑色褐纹，其他斑纹与雄蛾相似。前后翅外缘每两脉间有黑褐色斑点。雌蛾腹部肥大，末端着生黄褐色绒毛。

[生活史]

舞毒蛾 1 年发生 1 代，以卵在树木枝干及砖石、建筑物上越冬。翌年 4~5 月幼虫开始孵化，6 月中下旬开始化蛹，7 月成虫羽化并开始产卵。

[为害特点]

　　舞毒蛾主要以幼虫取食寄主植物嫩芽和叶片为害，幼虫孵化后成群结队聚集在原来的卵块上，等到气候变暖时上树取食树芽。2龄后分散取食，白天潜伏在落叶、树杈、树皮或树下石缝里，等到傍晚时上树取食，天亮时又爬回隐蔽场所。低龄幼虫受震动后吐丝下垂借风力传播，大龄幼虫有较强的爬行转移能力，为害性极大，能吃光树叶。食料缺乏时，大龄幼虫便会成群迁移。

[防控治理措施]

　　（1）幼虫尚未活动前，人工刮除卵块；幼虫聚集还未分散时，及时人工捕捉灭虫；成虫期利用黑光灯或性诱剂对其进行诱杀。（2）幼虫期喷施25%灭幼脲悬浮剂1 500~2 500倍液、3%高渗苯氧威乳油3 000~5 000倍液、1.2%苦参碱乳油1 000~1 500倍液或舞毒蛾核型多角体病毒悬浮液4 000~5 000倍液。（3）保护和利用寄生蝇、绒茧蜂、鸟类等天敌。

舞毒蛾幼虫为害状

葱兰夜蛾
Brithys crini Fabricius

[分布]

重庆、江苏、上海、浙江、江西等地。

[主要寄主]

葱兰、朱顶红、石蒜、君子兰、韭兰、文殊兰、蜘蛛抱蛋、水鬼蕉等。

[形态特征]

卵：半球形，直径约 0.8~1.0 mm。

幼虫：共 6 龄，老熟幼虫虫体黑色，头、前胸和腹部末端均为黄色，每个体节与体节连接处均有 4 对白斑，两两相对，中间两对略小，头部有黑斑 4 枚，中间 2 个呈八字形排列。

蛹：长约 1.9~2.1 cm，宽约 0.5~0.7 cm，棕红色或黑色。

成虫：体长约 1.9 cm，翅展约 3.9 cm，体被灰黑色至黑色鳞毛，胸部两侧着生白色鳞毛。前翅灰黑色，中线灰色，两侧嵌有断续的黑线。中线近中部有一个棕色的斑，近外缘有一条较宽的棕色带，外缘有 8 个黑色斑，内缘有 7 个浅黑色三角形斑。后翅前缘到外缘黑色，基部与后缘为灰白色。

[生活史]

该虫一般 1 年发生 4 代，个别年份 3 代，以蛹在寄主周围土表蛹室中越冬，翌年 5 月上旬越冬蛹羽化变为成虫，并产第 1 代卵。5 月下旬卵开始孵化，出现第 1 代幼虫，开始为害葱兰、石蒜等植物。6 月中旬化蛹，6 月下旬或 7 月上旬蛹羽化，出现第 1 代成虫，随后产第 2 代卵。第 2 代幼虫发生于 7 月中旬和 8 月下旬，第 3 代幼虫发生在 9~10 月，少部分于 10 月入土化蛹，多数第 3 代蛹羽化后进入第 4 代。第 4 代幼虫出现于 11 月中旬至 12 月，12 月上中旬入土化蛹，以蛹越冬。

[为害特点]

　　该虫主要为害葱兰、朱顶红、石蒜等球根花卉的叶片，以幼虫钻入植株，潜伏叶内啃食。较短时间内便可将大量生长旺盛的葱兰植株叶片啃食精光，在食源不足时可将地下部分一并取食，影响葱兰植株的正常生长和后续开花。

[防控治理措施]

　　（1）在幼虫发生量较少时，可人工进行捕杀；成虫羽化盛期，悬挂黑光灯对其进行诱杀；冬季或早春通过翻地消灭越冬蛹。（2）幼虫发生量较大时，可喷施 20% 氰戊菊酯乳油 3 000 倍液、10% 高效氯氰菊酯悬浮剂 3 000 倍液、2.5% 溴氰菊酯乳油 4 000 倍液、75% 辛硫磷 1 000 倍液或 0.6% 苦参碱乳油 400~600 倍液、1.2% 苦·烟乳油 1 000 倍液等生物农药。（3）保护瘿小蜂等天敌。

葱兰夜蛾为害葱兰

葱兰夜蛾钻入葱兰根茎为害

淡剑夜蛾
Sidemia depravata Butler

[分布]

全国分布。

[主要寄主]

高羊茅、马尼拉结缕草、草地早熟禾、细叶结缕草、黑麦草等作物和杂草。

[形态特征]

卵：馒头形，直径 0.5~0.6 mm，有纵条纹，初为淡绿色，孵化前灰褐色。卵粒黏集成卵块，一般 30~70 粒，上黏附灰色绒毛。

幼虫：体色变化大。初孵时灰褐色，取食后呈绿色，3 龄以后变为黄褐色，腹部青绿色。头部浅褐色椭圆形，老龄幼虫圆筒形，沿蜕裂线有黑色"八"字纹，背中线肉粉色，亚背线内侧有不规则近三角形黑斑。老熟幼虫体长 13~20 mm。

蛹：长 12~14 mm，初为绿色，后渐变为红褐色，臀棘 2 根平行。

成虫：体长 11.5~12.5 mm；雌成虫翅展 23~24 mm、雄成虫翅展 26~27 mm，中小型蛾类。身体淡灰褐色，前翅基线褐色，内横线和中横线显著黑色，翅面有一近似梯形的暗色区域，外缘线有 1 列黑点，内线褐色微波浪形，在亚中褶明显外弯，环纹与肾纹不明显，亚中褶有一褐纹连接内外线，亚端线不明显，细锯齿形，后翅白色半透明。雄成虫触角羽状，雌成虫触角丝状。

[生活史]

1 年发生 4~6 代，11 月底至 12 月上旬以老熟幼虫在草坪的表土层中越冬。越冬幼虫为害活动与早春气温回升迟早有关，一般 4 月份化蛹，5 月上旬为越冬带成虫盛发期。5 月中下旬至 6 月上旬为 1 代幼虫盛期，此代发生量较小。6 月中旬为 2 代成虫发生期，2 代幼虫盛期为 6 月下

旬至 7 月上旬，发生量较 1 代大。从第 3
代起世代重叠现象严重，7~10 月连续发生
2~3 代。

[为害特点]

以幼虫蚕食草坪草叶子和茎秆，幼虫
食量大，发生严重时上部叶片被食光，甚
至导致草坪呈秃斑状，严重影响其观赏价
值。该虫的发生往往具有突发性，年际差
异很大，同一年份不同地区也有很大差别。

[防控治理措施]

（1）加强草坪养护和栽培管理，及
时刈草，合理浇水；草坪周围要多层次地
种植乔灌木和地被植物，以便喜鹊、麻雀
等益鸟栖息取食；成虫发生期灯光诱杀；
利用性信息素诱芯进行防治；结合修剪，
剪除卵块；当大量出现时，进行草坪修剪，
剪下的草要集中处理。（2）虫量较大时喷
施 5% 氯氰菊酯 4 000 倍液、20% 杀灭菊酯
2 000 倍液或 1% 甲氨基阿维菌素 1 000 倍液、
25% 的灭幼脲 3 号悬浮剂 2 000 倍液等生物
农药。

淡剑夜蛾为害状

淡剑夜蛾卵

淡剑夜蛾蛹

淡剑夜蛾幼虫

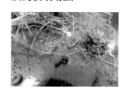

淡剑夜蛾幼虫

淡剑夜蛾幼虫头部

淡剑夜蛾卵形态

淡剑夜蛾蛹室

杨小舟蛾
Micromelalopha troglodyta Graeser

[分布]

重庆、黑龙江、吉林、辽宁、河北、山东、河南、安徽、江苏、浙江、江西、湖北、湖南、陕西、四川、贵州等地。

[主要寄主]

杨树、柳树等。

[形态特征]

卵：黄绿色，半球形，呈块状排列于叶面。

幼虫：老熟幼虫体长 21~23 mm，体色变化大，呈灰褐色、灰绿色，微具紫色光泽，体侧各具一条黄色纵带，体上生有不显著的肉瘤。

蛹：近纺锤形，褐色。

成虫：体长 11~14 mm，翅展 24~26 mm。体色变化较多，有黄褐、红褐和暗褐等色。前翅有 3 条具暗边的灰白色横线，内横线似 1 对小括号"（）"，中横线"八"字形，外横线呈倒"八"字的波浪形。横脉为 1 小黑点。后翅臀角有 1 褐色或红褐色小斑。

[生活史]

杨小舟蛾 1 年发生 4~6 代，以蛹在枯枝落叶和杂草丛中越冬。翌年 4 月上旬越冬蛹开始羽化，4 月上中旬至 7 月上旬为 1 代发生期，5 月下旬至 8 月上旬，6 月下旬至 9 月中旬，7 月下旬至 10 月上旬，8 月中旬至 11 月上旬，9 月中旬至 11 月中旬分别为 2~6 代发生期。第 2 代出现世代重叠。

[为害特点]

杨小舟蛾主要以幼虫取食植物叶片为害。初孵幼虫群集于叶背面啃食表皮及叶肉，叶片呈细密的麻点状，高龄幼虫分散取食，2 龄幼虫仍啃食下表皮及叶肉，残留叶脉，被害叶片呈不规则网状，3 龄后取食叶片成缺刻或食尽全叶。由于幼虫环叶取食，常导致寄主植物大量落叶。

[防控治理措施]

（1）冬季清除枯枝落叶和杂草，消灭其中越冬蛹。（2）幼虫期喷施 20% 除虫脲悬浮剂 7 000 倍液等生物农药；注干施用 21% 噻虫嗪悬浮剂 10~20 倍液、20% 吡虫啉可溶性粉剂 20 倍液等药剂。（3）保护和利用松毛虫赤眼蜂、白蛾周氏啮小蜂、中华大刀螳螂、蝎蝽、鸟类等天敌。

杨小舟蛾为害状

杨小舟蛾卵

杨小舟蛾低龄幼虫为害杨树

杨小舟蛾取食杨树叶片

杨小舟蛾取食杨树叶脉

杨小舟蛾幼虫形态

黄杨绢野螟
Diaphania perspectalis Walker

[分布]

重庆、青海、甘肃、陕西、河北、山东、江苏、上海、浙江、江西、福建、湖北、湖南、广东、广西、贵州、四川、西藏等地区。

[主要寄主]

黄杨科植物，如瓜子黄杨、雀舌黄杨、大叶黄杨、小叶黄杨、朝鲜黄杨以及冬青、卫矛等植物，其中又以瓜子黄杨和雀舌黄杨受害最严重。

[形态特征]

卵：椭圆形，长 0.8~1.2 mm，初产时白色至乳白色，孵化前为淡褐色。

幼虫：老熟时体长 42~46 mm，头宽 3.7~4.5 mm；初孵时乳白色，化蛹前头部黑褐色，表面有具光泽的毛瘤及稀疏毛刺，前胸背面具较大黑斑，三角形，2 块；背线绿色，亚被线及气门上线黑褐色，气门线淡黄绿色，基线及腹线淡青灰色；胸足深黄色，腹足淡黄绿色。

蛹：纺锤形，棕褐色，长 24~26 mm，宽 6~8 mm；腹部尾端有臀刺6 枚，以丝缀叶成茧，茧长 25~27 mm。

成虫：全身被白色鳞毛，体长 20~30 mm，翅展 40~50 mm。外缘与后缘均有一褐色带，后翅外黑色、褐色，故称此虫为黑缘螟蛾。触角丝状，褐色，有百余节，其长可达腹部末端。翅面半透明，有紫红色闪光。中室内有 2 个白点，1 个细小，1 个呈新月形。雌雄虫极易区别，雌虫翅缰 2 枚，腹部较粗大，腹末无毛丛；雄虫翅缰 1 枚，腹部较瘦，腹部末端有黑色毛丛。

[生活史]

黄杨绢野螟 1 年发生 3~4 代，以各代 3~4 龄幼虫在缀合叶苞内做茧越冬，次年 3 月下旬至 4 月上旬开始出蛰为害，并化蛹羽化，4 月中旬见越冬代成虫。4 月下旬至 6 月上旬为第 1 代发生期；6 月上中旬至 7 月下旬为第 2 代发生期；8 月上旬至 9 月中下旬为第 3 代发生期。由于黄杨绢野螟在嫩叶短缺时，幼虫取食老叶后出现滞育现象，除第 1 代发生整齐外，其他各世代发育不整齐，世代重叠严重。

[为害特点]

黄杨绢野螟以幼虫取食嫩芽和为害叶片，初孵幼虫于叶背食害叶肉；2~3 龄幼虫吐丝将叶片嫩叶缀连成巢，于巢内食害叶片，叶片呈缺刻状；3 龄后取食范围扩大，为害加重，受害严重的植株仅残存丝网、蜕皮、虫粪。

[防控治理措施]

（1）及时清理枯枝落叶；利用黄杨绢野螟趋光特性诱杀成虫；人工扑杀幼虫或摘除虫茧；合理修剪减轻幼虫为害。（2）可喷洒 20% 杀灭菊酯 2 000 倍液、2.5% 功夫菊酯乳油 2 000 倍液等；在低龄幼虫期选用 16 000 IU/mg 苏云金杆菌可湿性粉剂 200 倍、0.5% 苦参碱水剂 1 000 倍、20% 除虫脲悬浮剂 2 500 倍液等生物农药。（3）保护利用凹眼姬蜂、跳小蜂、甲腹茧蜂及寄生蝇等自然天敌。

黄杨绢野螟为害状　　　黄杨绢野螟缀叶为害　　　黄杨绢野螟幼虫

黄杨绢野螟老熟幼虫　　黄杨绢野螟蛹背面　　黄杨绢野螟蛹腹面

甜菜白带野螟

Hymenia recurvalis Fabricius

[分布]

重庆、广东、云南、贵州、台湾、浙江、江苏、江西、安徽、湖北、河南、山东、山西、陕西等地。

[主要寄主]

匍匐剪股颖、黑麦草、高羊茅、鸡冠花、空心莲子草等。

[形态特征]

卵：扁椭圆形，长 0.6~0.8 mm，淡黄色，透明，表面有不规则网纹，黑褐色眼点明显。

幼虫：低龄时黄白色，高龄时淡绿色，光亮透明；老熟幼虫浅红色，体长约 17 mm，宽约 2 mm；头部前伸、稍平，黄褐色，口器色深，额部上方的"人"字形凹纹明显，前胸和中胸背面两侧各有 2 个圆形黑色斑块，随着虫龄增大，斑块增大，老熟时前胸两侧 1 对圆形黑斑、中胸 1 对月牙形黑斑较为明显。

蛹：体长 9~11 mm，宽 2.5~3.0 mm，纺锤形，黄褐色；复眼突出，黑褐色；臀棘上有钩刺 6~8 根。

成虫：体长约 10 mm，翅展 24~26 mm，棕褐色。头部白色，额有黑斑。触角丝状黑褐色。下唇须黑褐色，向上弯曲。胸部背面灰褐色，腹部黄褐色，环节白色。翅黄褐色，前翅中央有 1 条黑缘宽白带，静止时相互连接呈两端内斜状，前翅前缘近外缘端有较短的白带，邻近有 2 个小白点。后翅色泽较前翅稍暗，中央亦有斜向白带 1 条。两翅展开时，前后翅 2 条白带相接，呈倒"八"字形。

[生活史]

1 年发生 3 代以上，以老熟幼虫吐丝作土茧化蛹，在杂草、残叶或表土层越冬。翌年7月下旬至9月上旬羽化，历期40余天。各代幼虫发育期：第1代7月下旬至9月上旬，第2代8月下旬至9月上旬，第3代9月下旬至10月上旬，世代重叠。

[为害特点]

甜菜白带野螟主要以幼虫取食寄主植物叶片为害，低龄幼虫聚集叶背为害，取食叶肉，留下表皮，造成"天窗"症状。随着虫龄增长，食量递增，造成孔洞、缺刻，最终仅留下叶脉。大龄幼虫可吐丝拉网造成叶片折叠。

[防控治理措施]

（1）结合修剪，剪除带虫枝叶；幼虫少量为害时，进行人工捕杀；在成虫羽化盛期，利用黑光灯对其进行诱杀。（2）低龄幼虫发生期喷施5%氯氰菊酯乳油1 000倍液、5%高效氯氟氰菊酯微乳剂2 000倍液、50g/L溴氰菊酯乳油2 000倍液、10%联苯菊酯乳油2 000倍液、10%醚菊酯悬浮剂1 500倍液、4.5%高效氯氰菊酯水乳剂1 800倍液、1.8%阿维菌素乳油2 000倍液等。

甜菜白带野螟成虫

黄环绢须野螟

Palpita annulata Fabricius

[分布]

重庆、江苏、浙江、湖北、福建、台湾、广东、四川、云南、湖南、江西等地。

[主要寄主]

小叶女贞、金叶女贞、毛叶丁香等。

[形态特征]

卵：扁椭圆形，长径约 0.6 mm，短径约 0.4 mm。初产时嫩黄绿色，与小叶女贞嫩叶颜色相似，近孵化时变为黑褐色。

幼虫：老熟幼虫体长 16~17 mm，宽 1.8~2.3 mm。体黄绿色，头黄褐色，口器褐色。胸部各节背板两侧及第 8 腹节气门上方各具一黑色小斑，小斑为棱形或蝌蚪形。

蛹：被蛹，长 10~12 mm，宽 2.5~3.0 mm，初期为绿色，半天后变成绿褐色，近羽化时变为黄褐色，复眼黑褐色，翅上斑纹清晰可见。腹末有臀棘 8 根，臀棘先端略卷曲，成弧形排列。

成虫：体长 8~10 mm，翅展 20~22 mm。头白色，额区被黄色鳞片。前翅前缘有黄色宽带，在带下从翅基部到中室端部有 3 个逐渐增大的淡黄色斑，最外的 1 个最大，呈葫芦形，在其他斑之间的下方有 1 个肾形斑；外横线浅灰色波浪形弯曲，外缘上有 7 个褐色小点。后翅中室中间有 1 个小白点，中室端部有 1 个肾状斑。外横线浅灰色，波浪形，缘毛白色。前足除胫节内侧黄色、第 1 附节黑色外，其余部分及中后足均为银白色。

[生活史]

该虫 1 年发生 3 代，以蛹在寄主附近的土壤中越冬。越冬蛹 4 月下旬开始羽化、产卵。第 1 代幼虫 4 月底开始孵化；第 2 代幼虫 6 月初开始孵化；第 3 代 (越冬代) 幼虫 7 月上旬出现，7 月中旬开始入土化蛹。

[为害特点]

　　以幼虫缀叶取食寄主叶肉为害，留下表皮组织，具有发生集中、虫口数量大、暴食成灾的特点。

[防控治理措施]

　　（1）清除枯枝落叶，消灭其中虫蛹；5 月底至 6 月上旬成虫羽化后架设诱虫灯对其进行诱杀；6 月上旬修剪小灌木嫩梢，防止成虫产卵以及杀死初孵幼虫。（2）幼虫发生期喷施或施用 21% 噻虫嗪悬浮剂 500 倍液、10% 吡虫啉可湿性粉剂 1 000 倍液或喷施 2.5% 溴氰菊酯乳油 2 500~3 000 倍液灌根。

黄环绢须野螟为害状

黄环绢须野螟幼虫为害

黄环绢须野螟幼虫为害后期

黄环绢须野螟幼虫

黄环绢须野螟蛹室

黄环绢须野螟蛹

银杏超小卷叶蛾
Pammene ginkgoicola Liu

[分布]

重庆、广西、浙江、安徽、江苏、湖北、河南等地。

[主要寄主]

银杏。

[形态特征]

卵：扁平、椭圆形，表面光滑，长约 0.8 mm，宽约 0.6 mm，乳白色，中间具红色不规则的环状纹，少数一端断缺或两端断缺而呈两条红色条状纹。

幼虫：老熟幼虫体长 11~12 mm，灰白或灰淡黄色。头部、前胸背板及臀板均黑褐色，有的色较浅呈黄褐色。各节背面有黑色毛斑 2 对，各节气门上线和下线各有黑色毛斑 1 个，臀栉有刺 5~7 根。

蛹：长 5~7 mm，黄色，羽化前呈黑褐色，复眼黑色。腹部第 1 节光滑，第 2 节后缘有一列细刺。第 3~6 节除后缘有一列细刺外，前缘还有 1 列较粗的刺。第 10 节仅于后缘有特别粗大的刺一列，腹部末端有 8 根细弱臀棘在肛门周围排列成半环形。

成虫：翅展约 12 mm，全体黑褐色，头部淡灰褐色。触角背面暗褐色，腹面黄褐色。下唇须向上伸，灰褐色，第 3 节很短。前翅黑褐色，中部有深色印影纹。前缘自中部到顶角有 7 组较明显的白色钩状纹，后缘中部有一白色指状纹。翅基部尚有 4 组白色钩状纹，但不太明显。肛上纹较显著，有 4 条黑色条纹。缘毛暗褐色。后翅前缘色浅，外围褐色。雌性外生殖器的产卵瓣略呈棱形，两端较狭，囊突两枚呈粗齿状，雄性外生殖器的抱握器长形，中间有颈部。

[生活史]

银杏超小卷叶蛾 1 年发生 1 代，以蛹越冬。3 月下旬至 4 月中旬为成虫羽化期，4月中旬至5月上旬为卵期，4月下旬至6月下旬为幼虫为害期，7月上旬以后幼虫呈滞育状态，11月中旬化蛹。

[为害特点]

　　银杏超小卷叶蛾以幼虫蛀入银杏树短枝和当年生长的嫩枝为害，其由外侧向内蛀食，之后进入梢头内部将幼嫩组织咬光，致使短枝上的叶片枯黄卷缩，严重时幼果全部枯死脱落，长枝枯断。被害树枝次年不再萌发，对银杏树的生长及产量影响严重。

[防控治理措施]

　　（1）成虫羽化期人工捕捉成虫；幼虫发生初期，人工剪除被害枝叶并集中销毁。（2）成虫羽化期喷施25%高效氯氟氰菊酯微囊悬浮剂100倍液；幼虫初孵期注干施用70%吡虫啉水剂10倍液或21%噻虫嗪悬浮剂10倍液；老熟幼虫滞育期间树干喷施25%溴氰菊酯乳油2 500倍液。（3）保护和利用瓢虫、蜘蛛、蚁蛉等天敌。

银杏超小卷叶蛾为害状

被信息素诱杀的银杏超小卷叶蛾成虫

羽化后留在树干的蛹壳

幼虫

重阳木锦斑蛾
Histia rhodope Cramer

[分布]

重庆、江苏、上海、浙江、湖北、湖南、福建、台湾、广东、广西、云南、河南等地。

[主要寄主]

重阳木。

[形态特征]

幼虫：体肥厚而扁，头部常缩在前胸内。

蛹：体长 15.5~20.0 mm。初孵化时全体黄色，腹部微带粉红色。随后头部变为暗红色，复眼、触角、胸部及足、翅黑色。

成虫：体长 17~24 mm。头小，红色，有黑斑。卵圆形，略扁，表面光滑。刚刚产出时为乳白色，后为黄色，近孵化时为浅灰色。

[生活史]

1 年发生 4 代，常以老熟幼虫在树皮、裂缝及重叠的叶片中越冬。越冬幼虫至次年 4~5 月化蛹，5 月上旬开始羽化为成虫，5 月下旬为发生盛期。6 月中下旬为第 1 代幼虫为害盛期；8 月上旬为第 2 代幼虫为害期；9 月上旬为第 3 代幼虫为害期；11 月上旬为第 4 代幼虫为害期，11 月下旬开始越冬。

[为害特点]

幼虫低龄时啃食叶肉表皮，3 龄后可蚕食叶片仅留下叶脉，在食料不足时有吐丝下垂转移为害的习性。幼虫取食叶片，严重时将叶片吃光。

[防控治理措施]

（1）清理枯枝落叶，消灭越冬虫源；越冬前树干束草诱杀或涂白；对于栖息于树干的成虫和由树干向下爬的幼虫，可直接捕杀。

（2）幼虫发生期用21%噻虫嗪悬浮剂300~800倍液或70%吡虫啉水分散粒剂500~1 000倍液灌根；或者喷施25%灭幼脲悬浮剂1 000~2 000倍液、Bt乳油800~1 000倍液、20%除虫脲悬浮剂4 000~5 000倍液。（3）保护和利用寄生蜂、寄生蝇等天敌。

重阳木锦斑蛾成虫

重阳木锦斑蛾为害状

重阳木锦斑蛾初孵幼虫为害状

重阳木锦斑蛾幼虫形态

重阳木锦斑蛾茧

短额负蝗

Atractomorpha sinensis Bolivar

[分布]

全国分布。

[主要寄主]

美人蕉、太阳花、一串红、鸡冠花、菊花、海棠、木槿、草坪草等植物。

[形态特征]

卵：卵粒长 3.9~4.6 mm，宽 0.8~1.2 mm，黄褐色或栗棕色。卵粒中间较粗，向两端渐细。卵囊长 28~40 mm，宽 4.1~6.3 mm。囊壁泡沫状，极易破裂。

蝻：蝗蝻共有 6 个龄期。体草绿色或土黄色。头部圆锥形，触角剑状，前胸背板有侧隆起。前几个龄期翅芽不明显。蜕皮次数不同的各龄特征不同，但最后 2 个龄期翅芽发育基本一样。倒 2 龄后翅芽上翻，盖住前翅芽，翅芽不超过腹部第 1 节；最后 1 个龄期翅芽达到或超过腹部第 3 节。

成虫：体长，雄虫 19~23 mm，雌虫 28~36 mm。前翅长，雄虫 19~25 mm，雌虫 22~31 mm。体绿色或土黄色。头部圆锥形，呈水平状向前突出。前翅较长，其长超出后足股节部分。不足翅长的 1/3，后翅略短于前翅。基部粉红色。

[生活史]

短额负蝗 1 年发生 2 代，以卵在土壤中越冬。越冬卵于翌年 5 月中旬开始孵化，6 月上旬越冬代蝗蝻开始羽化，6 月下旬成虫开始产卵。第 1 代蝗蝻于 7 月下旬至 8 月下旬孵化，8 月中、下旬开始羽化，9 月中旬 1 代成虫开始产卵，10 月下旬至 11 月中旬成虫陆续死亡。

[为害特点]

　　以成虫、若虫取食寄主植物叶片为害，初龄蝗蝻喜群集食害叶部，被害叶片呈现网状，稍后即分散取食，造成叶片缺刻和孔洞，严重时整个叶片只留下主脉。

[防控治理措施]

　　（1）冬春季节砍除杂草，消灭其中越冬卵。（2）蝗蝻3龄前为防治关键时期，可喷施1.8%阿维菌素乳油2 000~4 000倍液、0.5%苦参碱水溶性粉剂500~1 000倍液、5%氟虫腈悬浮剂150~225 mL/hm2、5%氟虫脲可分散液剂1 000~1 500倍液等。（3）保护和利用麻雀、青蛙、大寄生蝇等天敌。

短额负蝗成虫

为害太阳花　　　　　　　　为害木春菊

三　蛀干类害虫

Trunk Borers

洁长棒长蠹

Xylothrips cathaicus Reichardt

[分布]

华北、华东、华中、西南等地区。

[主要寄主]

紫薇、紫荆、国槐等。

[形态特征]

幼虫：蛴螬型，前口式，无眼，触角 4 节，胸足 3 对且发达。

成虫：体长 6.2~7.3 mm，宽 2.6~3.1 mm。头黑色，上唇基、额和头顶近额区被稠密金黄细毛，颊与头顶近颊区具纵隆脊。触角黄褐色，末端 3 节膨大，长大于宽，末节呈棒状。前胸背板红棕色，前窄后宽，近梯形，中部隆起。前胸背板靠近头部具稀疏黄毛，其余部分无毛。前胸背板分为前后两个区：前面为瘤突区，后面为平滑区。瘤突区前缘两侧角的突起呈尖钩状，瘤突由边缘至中央逐渐变小。平滑区无显著的瘤突，极平滑。小盾片半圆形。前足基节、腿节大部分为橙红色，腿节端部和胫节为深棕色，跗节和爪红棕色；中足、后足为深棕色。鞘翅具不明显的刻点，光亮无毛，从肩角至端部颜色由红棕色逐渐加深至黑褐色，翅斜面上缘两侧各有 4 个齿突，末端齿突不与翅外缘相连，翅斜面光滑，刻点极不明显。腹部可见 5 节，密布金黄色毛。

[生活史]

1 年发生 1 代，以成虫在蛀道内越冬，并在其中产卵、蛀食、化蛹和羽化，羽化后飞出。

[为害特点]

该虫以幼虫钻蛀为害，喜蛀衰弱木。

[防控治理措施]

（1）加强树木养护管理，提高其抗性；及时烧毁严重被害木。
（2）发现虫粪时可采用吸水性的材料（棉花、纱布等）吸取40%乐果乳油1 000倍液、80%敌敌畏乳油1 000倍液等具有内吸性和熏蒸性的药剂后包裹树干，其外再用塑料薄膜包裹（视为害高度定）；成虫羽化期树干喷施2.5%高效氯氟氰菊酯微囊悬浮剂100倍液。

洁长棒长蠹羽化孔

洁长棒长蠹成虫

星天牛

Anoplophora chinensis Breuning

[分布]

全国分布。

[主要寄主]

杨树、柳树、榆树、紫薇、悬铃木等。

[形态特征]

卵：长椭圆筒形，长 5.6~5.8 mm，宽 2.9~3.1 mm，中部稍弯，初产时为白色，以后渐变为乳白色。

幼虫：老熟幼虫呈长圆筒形，稍扁，乳白色至淡黄色，体长 38~67 mm，前胸宽 11.5~12.5 mm，头部前端黑褐色，前胸背板的黄褐色凸字形斑上密布微小刻点，上方左右各有 1 个黄褐色飞鸟形斑纹；主腹片两侧各有密布微刺突的卵圆形区 1 块。

蛹：纺锤形，长 29~38 mm，乳白色，羽化前逐渐变为淡黄色至黑褐色，触角细长并向腹中线强卷曲，体形与成虫相似。

成虫：漆黑色具金属光泽，体长 27~41 mm，宽 6.0~13.5 mm；雄成虫触角倍长于体，雌成虫触角长于体长 1/3；鞘翅基部密布黑色小颗粒，每鞘翅具大小白斑 15~20 个，排成不整齐的 5 横行。

[生活史]

星天牛 1 年发生 1 代，以幼虫在树干基部或主根内越冬。翌年 4 月化蛹，5~6 月羽化为成虫并交配产卵，6 月上中旬为产卵盛期。幼虫初孵后先在皮层下蛀食 2~3 个月，到 8~9 月才蛀入木质部。

[为害特点]

星天牛主要以成虫啃食树皮、叶柄皮以及幼虫蛀食韧皮部和木质部为害。造成寄主植物组织受损，树体营养消耗，水分、矿物质和光合产物的输送通道受阻，长势衰弱。受严重蛀食而蛀空的植株易遭风折。

[防控治理措施]

（1）每年 11 月至第 2 年 2 月于根部以上 80~100 cm 之间，刷中性涂白剂。（2）幼虫为害期用 21% 噻虫嗪悬浮剂 300~800 倍液或 70% 吡虫啉水分散粒剂 500~1 000 倍液灌根或 70% 吡虫啉水分散粒剂或 21% 噻虫嗪悬浮剂 5~10 倍液按 1.0 mL/cm 用量注干，量少时也可清除虫粪后，用棉球蘸 50% 敌敌畏乳油或白僵菌粉剂堵塞排粪孔或直接钩杀幼虫（插管式防控需考虑安全问题）；成虫期 2.5% 高效氯氟氰菊酯微囊乳剂 100~150 倍液喷施，发生量较少时也可人工捕捉。（3）保护利用天敌，如花绒寄甲、肿腿蜂等。

星天牛幼虫为害状

星天牛成虫羽化孔

星天牛成虫咬痕

星天牛成虫

光肩星天牛
Anoplophora glabripennis Motschulsky

[分布]

重庆、辽宁、河北、河南、山东、山西、江苏、安徽、浙江、江西、湖北、湖南、广东、广西、云南、贵州、北京、宁夏等地区。

[主要寄主]

杨树、柳树、悬铃木、桑树、榆树、元宝枫、槭树、刺槐、苦楝等数十种品种。

[形态特征]

卵：初为乳白色，近孵化时呈黄褐色。长椭圆形，略扁，长 5.5~7.0 mm，两端略弯曲；树皮下见到的卵粒多为淡黄褐色，略扁，近黄瓜子形。

幼虫：初孵幼虫乳白色，疏生褐色细毛，老熟幼虫淡黄色，头部为褐色。体长 50~60 mm，宽约 10 mm。无足。前胸背板有凸字形斑，前缘为黑褐色，背板黄白色，胸足退化。

蛹：裸蛹，体长 30~37 mm，宽约 11 mm。乳白色至黄白色，触角前端卷曲呈环形，前胸背板两侧各有 1 个侧刺突；背面中央有 1 条压痕，翅尖端达腹部第 8 节前缘，有黄褐色毛斑 1 块。第 8 节背板上有 1 个向上生的棘状突起。

成虫：体漆黑色并有紫铜色光泽，体长形。雌虫体长 17~39 mm，宽 8~12 mm；雄虫体长 15~28 mm，宽 7~10 mm。前胸背板有皱纹和刻点，两侧各有一个棘状突起。翅鞘上有十几个白色斑纹，基部光滑，无瘤状颗粒。

[生活史]

光肩星天牛 1 年发生 1~2 代，以幼虫和少量卵、蛹越冬，翌年 3 月幼虫开始取食，5 月开始化蛹，6 月上旬成虫出现，7 月中旬为成虫出现高峰期，10 月仍可见到少量成虫。雌雄成虫一生可进行多次交尾和多次产卵。

[为害特点]

　　光肩星天牛主要为害寄主植物的树干及大枝，成虫咬食嫩枝和叶脉，幼虫钻蛀韧皮部，在木质部内蛀成不规则孔道，严重阻碍养分及水分的输导，影响树木的正常生长，造成树木焦梢、枯枝，甚至整株死亡。

[防控治理措施]

　　参考星天牛。

光肩星天牛成虫

光肩星天牛为害柳树

光肩星天牛羽化孔

桑天牛

Apriona germari Hope

[分布]

全国分布。

[主要寄主]

桑、刺槐、构树、无花果、白杨、欧美杨、柳、榆、樱桃、野海棠、枫杨、油桐、花红、柑橘等。

[形态特征]

卵：长椭圆形，长 5~7 mm，前端较细，略弯曲，黄白色。

幼虫：圆筒形，老熟幼虫 45~60 mm，乳白色。头小，隐入前胸内，上下唇淡黄色，上颚黑褐色。前胸背板后半部密生赤褐色颗粒状小点，向前伸展成 3 对尖叶状纹。后胸至第 7 腹节背面各有扁圆形突起，其上密生赤褐色粒点。前胸和第 1~8 腹节侧方各着生椭圆形气孔 1 对。

蛹：纺锤形，长约 50 mm，黄白色。触角后披，末端卷曲。翅达第 3 腹节。腹部 1~6 节背面两侧各有 1 对刚毛区，尾端较尖削，轮生刚毛。

成虫：体长 34~46 mm。体和鞘翅黑色，被黄褐色短毛；柄节和梗节黑色，以后各节前半黑褐，后半灰白。足黑色，密生灰白短毛。头顶隆起，中央有 1 条纵沟。触角比体稍长；前胸近方形，背面有横皱纹，两侧中间各具 1 刺突。鞘翅基部密生颗粒状小黑点。雌虫腹末 2 节下弯。

[生活史]

桑天牛 2 年发生 1 代，以幼虫在寄主树干内越冬。翌年 5 月老熟幼虫化蛹，6~7 月成虫羽化并开始交配产卵。

[为害特点]

桑天牛成虫咬食寄主植物枝条上的皮层为害，产生不规则伤口，影响寄主养分运输，严重时造成枝条枯死；幼虫孵化后先在韧皮部与木质部之间向上蛀食，然后蛀入木质部，转向下蛀食成直蛀道，老熟幼虫常在根部蛀食，造成寄主长势衰弱，严重时甚至枯死。

[防控治理措施]

参考星天牛。

桑天牛为害状

桑天牛成虫

云斑白条天牛

Batocera lineolata Chevrolat

[分布]

重庆、广东、浙江、湖南、贵州、四川、云南、陕西、西藏等地。

[主要寄主]

白蜡、毛白杨、柏树、法桐、枫杨、枹树、复叶槭、旱柳、加杨、苦楝、梨、栎树、栗树、麻栎、女贞、泡桐、枇杷、苹果、蔷薇、青杨、榕树、桑树、山麻黄、山毛榉、栓皮栎、水青冈、乌桕、无花果、响叶杨、小叶杨、油橄榄、油桐、榆、钻天杨等。

[形态特征]

体大型，长椭圆型。体黑色或深褐色。体背面被稀疏浅灰色绒毛，腹面背褐色绒毛。触角黑色，第1~3节及第4节基部一半光裸，或被十分稀疏的褐色绒毛，其余节被褐色绒毛。前胸背板具1对分开的白色、红色、橙色、黄色肾形斑纹，有时十分退化，小盾片被浓密白、黄毛，鞘翅具或白色、或红色、或橙色、或黄色斑纹（部分生境个体为红色，制成标本后褪色），体腹面两侧由复眼之后至腹部末端，各有一条相当宽的白色纵条纹，中胸后侧片密被白毛。复眼下叶较大，横阔，颊极短。前胸背板横宽；侧刺突细长，顶端尖锐向上后方略弯。鞘翅肩角具刺突；鞘翅基部1/5~1/4其密或较稀疏排列的颗粒状瘤突，颗粒中等至大型；鞘翅具5个主要斑纹；翅端圆形至斜截略内凹，缘角具刺或不具刺，缝角具刺。雄虫腹末节横阔，端缘腹面弧形内凹。雌虫腹部末节明显收狭，端缘平截，腹缘中央具缺刻。雄虫：体长30~58 mm，体宽11~24 mm。雌虫：体长35~52 mm，体宽13~18 mm。

[生活史]

云斑白条天牛2年发生1代，多跨3年。当年以幼虫的形态在树干中越冬，一直到第 2 年的 8、9 月份开始化蛹，在蛹室中羽化为成虫，并以成虫越冬，第 3 年春成虫钻出树干完成 1 个世代。

[为害特点]

　　成虫产卵前在树皮上咬出细梭形产卵刻槽，从上至下，往往排成梯形。幼虫孵化后先取食刻槽韧皮部，被害处呈黑褐色，刻槽中央可见排出褐色粉末状木屑；然后蛀入木质部，蛀道由树干下部向上延伸，达髓心后上行钻蛀，仅有的 1 个排粪孔通向树干外，由此排出虫粪木屑。受害植株树干韧皮部枯死，表皮干裂，而且蛀道中排出大量虫粪和木屑堆积在树干基部，严重影响行道树的园林景观效果。

[防控治理措施]

　　参考星天牛。

云斑白条天牛成虫交配　　云斑白条天牛成虫为害状　　　　　云斑白条天牛成虫

云斑白条天牛幼虫　　云斑白条天牛为害状

松墨天牛
Monochamus alternatus Hope

[分布]

重庆、河北、河南、陕西、山东、江苏、浙江、江西、湖南、广东、广西、福建、台湾、四川、贵州、云南、西藏等地。

[主要寄主]

主要为害马尾松，其次为害黑松、雪松、落叶松、油松、华山松、云南松、思茅松、冷杉、云杉、桧、栎、鸡眼藤、苹果、花红等生长衰弱的树木或新伐倒木。

[形态特征]

卵：长约 4mm，乳白色，略呈镰刀形。

幼虫：乳白色，老熟时长约 43 mm。头黑褐色，前胸背板褐色，中央有波状横纹。

蛹：乳白色，圆筒形，长 20~26 mm。

成虫：体长 15~28 mm，橙黄色至赤褐色。触角栗色，雄虫触角长于雌虫。前胸背板具相间的 2 条橙黄色宽纵纹与 3 条黑色绒纹。小盾片密被橙黄色绒毛。每鞘翅具 5 条纵纹，由方形或长方形黑色及灰白色绒毛斑点相间组成。

[生活史]

松墨天牛 1 年发生 1 代，以老熟幼虫在木质部坑道中越冬。翌年 3 月下旬，越冬幼虫开始在虫道末端蛹室中化蛹。4 月中旬即有成虫开始羽化。成虫羽化后即补充营养，随后交配产卵，6 月份为幼虫高发期。

[为害特点]

成虫补充营养，啃食嫩枝皮，造成寄主衰弱，幼虫大量钻蛀树势衰弱或新伐倒的树干，引起成片松树枯死。此外，成虫还是松材线虫病的主要传播媒介，一旦传入，将会造成松林大面积死亡。

[防控治理措施]

（1）冬春季树干涂白，阻止其产卵。（2）成虫发生期喷施 2.5% 高效氯氟氰菊酯微囊悬浮剂 100 倍液或绿色威雷溶液 250 倍液，触杀成虫；或利用黑光灯、诱捕器等对其进行诱杀。（3）幼虫发生期注干施用 21% 噻虫嗪悬浮剂 10 倍液或 70% 吡虫啉可湿性粉剂 10 倍液。（4）在松墨天牛为害严重的地区，按照松墨天牛除治要求，全面采伐被害枝条及病死木，被害木、枯枝要集中清理烧毁。（5）保护和利用啄木鸟、寄生蜂等天敌。

松墨天牛成虫

松墨天牛为害状

日本木蠹蛾
Holcocerus japonicus Gaede

[分布]

重庆、辽宁、北京、天津、山东、河南、上海、江苏、安徽、浙江、江西、湖南、贵州、四川等地。

[主要寄主]

杨树、柳树等。

[形态特征]

卵：半球形，略长，卵壳表面有纵行隆脊，脊间具横隔，犹如花生壳表面纹状。初产时灰乳白色，渐变成暗褐色。

幼虫：扁圆筒形，体粗壮，老龄幼虫体长达 65 mm 以上，胸、腹部背面为茄紫色，无光泽，腹面色淡，呈黄白色。头部黑色，前胸背板为一整个黑色斑纹，有 4 条白纹自前缘揳入，在后缘中部也有 1 个白纹伸至背板黑斑中部。中、后胸背部半骨化的斑纹均为黑色，较其他种类明显。

蛹：暗褐色，雌蛹长 20~38 mm。雄蛹 17~23 mm。腹节背面具 2 行刺列，雌蛹在第 1~6 节，雄蛹在第 1~7 节，前行刺列粗壮明显，越过气门线，后行刺列细，不达气门。

成虫：体长 20~33 mm，翅展 36~75 mm。雌、雄触角均为线状，细短，仅达前翅前缘 1/3 处，雌虫触角鞭节 40 节，先端 3 节较小；雄虫鞭节 53 节。下唇须中等长度，伸达复眼前缘。前翅灰褐色，顶角钝圆，翅长为臀角处宽度的 2.2 倍。前线 2/3 处有 1 条与前缘垂直的粗黑线，伸向臀角；线之两侧及外线等处，有一些鱼鳞状小灰斑及黑褐色线纹，为该种之显著特征。线的内侧至中室端外为 1 条宽的褐带，在中室下角处折向翅后缘，与翅基的褐色区相连，形成翅中部的 1 块灰色大斑。后翅灰褐色，无条纹，反面灰白色，有许多明显的暗褐条纹，中室下角之外，有 1 个圆形暗斑。中足胫节 1 对距，后足胫节 2 对距，中距位于端部 1/4 处，后足基附节不膨大，中垫退化。

[生活史]

　　1 年 1 代或 2 年 1 代，以幼虫在树干蛀道内越冬。翌年 3 月天气回暖时开始为害；成虫 5 月开始羽化，并持续至 9 月下旬。

[为害特点]

　　该虫以幼虫蛀食寄主植物枝干为害，在寄主植物内部形成广阔的不规则蛀道，使其生长衰弱。

[防控治理措施]

　　（1）结合修剪整枝，及时剪除有虫枯枝。（2）对濒临枯萎或已枯萎树，每年在成虫羽化前，及时伐除，集中清理烧毁。（3）成虫羽化期利用黑光灯对其进行诱杀。（4）幼虫发生期注干施用 21% 噻虫嗪悬浮剂 10 倍液或 70% 吡虫啉可湿性粉剂 10 倍液。

日本木蠹蛾为害柳树

日本木蠹蛾幼虫

红棕象甲

Rhynchophorus ferrugineus Olivier

[分布]

重庆、海南、广西、广东、云南、福建、上海、浙江、四川、江西、贵州、香港、台湾、西藏（墨脱）等地。

[主要寄主]

该虫主要寄生 20 年生以下的棕榈科植物，例如加纳利海枣、台湾海枣、银海枣、桄榔、油棕、扇叶糖棕、鱼尾椰、槟榔、假槟榔、西谷椰子、酒瓶椰子、三角椰子、王棕（大王椰子）、越南蒲葵等。

[形态特征]

卵：乳白色，具光泽，长卵圆形，光滑无刻点，两端略窄。

幼虫：体表柔软，皱褶，无足，气门椭圆形，8 对。头部发达，突出，具刚毛。腹部末端扁平略凹陷，周缘具刚毛。初龄幼虫体乳白色，比卵略细长。老龄幼虫体黄白至黄褐色，略透明，可见体内一条黑色线位于背中线位置。头部坚硬，蜕裂线"Y"字形，两边分别具黄色斜纹。体大于头部，纺锤形，可长达 50 mm。

蛹：蛹为裸蛹，长 20~38 mm，宽 9~16 mm，长椭圆形，初为乳白色，后呈褐色。前胸背板中具一条乳白色纵线，周缘具小刻点，粗糙。喙长达足胫节，触角长达前足腿节，翅长达后足胫节。触角及复眼突出，小盾片明显。蛹外被一束寄主植物纤维构成的长椭圆形茧。

成虫：长 19~34 mm，宽 8~15 mm，胸厚 5~10 mm，喙长 6~13 mm。一般雌虫大于雄虫。身体红褐色，光亮或暗。体壁坚硬。喙和头部的长度约为体长的 1/3。口器咀嚼式，着生于喙前端。前胸前缘小，向后逐渐扩大，略呈椭圆形，前胸背板具两排黑斑，前排 2~7 个，中间一个较大，两侧较小，后排 3 个均较大，或无斑点。鞘翅短，边缘（尤其侧缘和基缘）和接缝黑色，有时鞘翅全部暗黑褐色。身体腹面黑红相间，腹部末端外露；各足腿节末端和胫节末端黑色，各足跗节黑褐色。触角柄节和索节黑褐色，棒节红褐色。

[生活史]

红棕象甲 1 年约发生 3 代，世代重叠，以老熟幼虫、蛹、成虫在寄主组织内过冬。其中，第 1 代卵期出现于 3 月中旬至 5 月上旬，幼虫期在 3 月中旬至 5 月；第 2 代卵期和幼虫期分别出现于 5 月至 9 月上旬和 5 月至 9 月；第 3 代卵期、幼虫期分别出现于 7 月中旬至 10 月和 7 月至翌年 3 月。

[为害特点]

红棕象甲主要以幼虫蛀食树干和树冠心叶为害，造成被害树的叶片减少，被害叶的基部枯死，还会使蛀入孔附近的叶片干枯。如果红棕象甲从树冠侵入，则心叶全部枯死。严重时可造成寄主主干或树冠倾倒。

[防控治理措施]

（1）由于成虫具有在植株孔穴或伤口产卵的习性，所以应尽量保护好植株，使其树干不受损伤。发现树干受损伤时，可用沥青涂封植株树干上的伤口或用泥浆涂抹，以防成虫产卵。（2）发现有红棕象甲严重为害的植株，应立即挖除焚烧。以避免成虫羽化后外出扩散繁殖。（3）利用成虫具有迁飞性、群居性、假死性及常在晨间或傍晚出来活动等特性，人工捕捉成虫。也可利用其假死性，敲击茎干将其震落捕杀。（4）幼虫发生高峰期注干施用 3% 甲氨基阿维菌素苯甲酸盐 500 倍液、21% 噻虫嗪悬浮剂 500 倍液或 70% 吡虫啉可湿性粉剂 500 倍液。（5）保护和利用斯氏线虫、异小杆线虫、下盾螨、寄生蜂和寄生蝇等天敌。

红棕象甲为害海枣

红棕象甲卵

红棕象甲幼虫

红棕象甲茧

红棕象甲成虫

沟眶象

Eucryptorrhynchus chinensis Olivier

[分布]

重庆、陕西、北京、河南、河北、山东、山西、辽宁、黑龙江、上海、江苏、四川等地。

[主要寄主]

桂花、臭椿、千头椿。

[形态特征]

卵：白色，长椭圆形，长宽比接近 2:1，柔软易碎。

幼虫：乳白色，圆形，体长约 30 mm。

老熟幼虫：体长 19~21 mm，弯曲似"C"形。身体骨化弱，稀疏着生刚毛，头、胸背部黄褐色，腹部乳白色，每节背面两侧多皱褶。

成虫：体长 13.5~18.0 mm，头部散布互相连合的大而深的大刻点；喙长于前胸；触角膝状，基部以后的部分圆筒形，触角基部以前的部分较窄而扁，端部放宽，被覆暗褐色鳞片状毛，散布互相结合的纵刻点。胸部背面，前翅基部及端部首 1/3 处密被白色鳞片，并杂有红黄色鳞片，前翅基部外侧特别向外突出，中部花纹似龟纹，鞘翅上刻点粗。

[生活史]

沟眶象 1 年发生 1 代，各虫期发育不整齐，以幼虫和成虫在 20~30 cm 的土层越冬。越冬成虫 4 月下旬开始活动，5 月上中旬为第 1 次成虫盛发期。越冬幼虫在次年 4 月下旬至 5 月于 20 cm 深左右的土层中补充营养后化蛹，5 月下旬到 6 月为羽化盛期。5 月初成虫开始产卵，卵期 7~10 d，幼虫 6 龄，历期 60~75 d，蛹期 10~14 d，当年成虫在 7 月底到 8 月又出现 1 次盛发期，成虫的大多羽化在土层中，也有在树干上，随后大量取食嫩梢和叶片以补充营养近 1 个月，在 20~25℃的自然温度下成虫便开始交配产卵。

[为害特点]

成虫主要取食椿树枝条幼芽和韧皮部，幼虫为害衰弱木，有时为害生长健旺的幼树韧皮部或木质部。嫩梢、茎皮的受害部位先流出透明胶汁，不久即凝固，严重影响了树势的生长。

[防控治理措施]

（1）利用成虫多在树干上活动、不喜飞和有假死性的习性，在 5 月上中旬及 7 月底至 8 月中旬捕杀成虫。也可于此时在树干基部撒西维因 25% 可湿性粉剂毒杀。（2）成虫盛发期，在距树干基部 30 cm 处缠绕塑料布，使其上边呈伞形下垂，塑料布上涂黄油，阻止成虫上树取食和产卵为害。也可于此时向树上喷 1 000 倍 50% 辛硫磷乳油。（3）在 5 月底和 8 月下旬幼虫孵化初期，利用幼龄虫咬食皮层的特性，在被害处涂煤油、溴氰菊酯混合液 (煤油和 2.5% 溴氰菊酯各 1 份)，也可在此时用 1 000 倍 50% 辛硫磷乳油灌根进行防治。

沟眶象蛹

沟眶象为害桂花树干

沟眶象幼虫

台湾乳白蚁
Coptotermes formosanus Shiraki

[分布]

重庆、云南、广东、广西、海南等地。

[主要寄主]

银杏、香樟、玉兰、悬铃木、桂花、小叶榕等。

[形态特征]

卵：卵长径约 0.6mm，短径约 0.4mm，乳白色，椭圆形。

有翅成虫：体长 7.8~8.0 mm，翅长 11.0~12.0 mm。头背面深黄色。胸腹部背面黄褐色，腹部腹面黄色。翅为淡黄色。复眼近于圆形，单眼椭圆形，触角 20 节。前胸背板前宽后狭，前后缘向内凹。前翅鳞大于后翅鳞，翅面密布细小短毛。

兵蚁：体长 5.34~5.86 mm。头及触角浅黄色，卵圆形，腹部乳白色。头部椭圆形，上颚镰刀形，前部弯向中线。左上颚基部有一深凹刻，其前方另有 4 个小突起，愈向前愈小。颚面其他部分光滑无齿。上唇近于舌形。触角 14~16 节。前胸背板平坦，较头狭窄，前缘及后缘中央有缺刻。

工蚁：体长 5.0~5.4 mm。头淡黄色，胸腹部乳白色或白色。头后部呈圆形，而前部呈方形；后唇基短，微隆起。触角 15 节。前胸背板前缘略翘起。腹部长，略宽于头，被疏毛。

[生活史]

当台湾乳白蚁巢群内绝大多数若虫已羽化为有翅成虫，环境条件适宜时，绝大多数巢群的有翅成虫便大量飞出，出现分飞的高峰期。有翅成虫分飞高峰在 3 月下旬至 5 月上旬，通常在傍晚分飞，分飞高峰期与始飞期仅隔 1~2 d，有时可间隔 10 d 左右。每年分飞高峰期有 2~5 次。分飞的有翅成虫，经过一段时间的求偶、配对，便迁回曲折爬向树头等，钻入建巢。兵蚁的出现是新群体建立的重要标志。刚脱翅的雌雄虫，大小相差不大。随着群体年龄的增大，雌虫腹部慢慢膨胀，节间膜清晰，从此群体具备了长时间生存的各项基本功能。

[为害特点]

台湾乳白蚁常筑巢于树干中或是树干与土的结合部位，蛀食树干木质部，在树干表皮能看到蚁路、排泄物或分飞孔，排泄物多为褐色疏松的物质。受台湾乳白蚁为害的树木长势衰弱，严重的出现整株树干中空枯死。

[防控治理措施]

（1）按1:5的比例将10%吡虫啉可湿性粉剂和滑石粉混合进行喷施。用70%吡虫啉水分散粒剂1 000倍液灌施。（2）利用白蚁诱集箱诱杀白蚁（添加诱饵）。（3）傍晚灯光诱杀。

黄葛树受台湾乳白蚁为害

台湾乳白蚁幼蚁　　　　台湾乳白蚁有翅成虫　　　排泄物

黑翅土白蚁

Odontotermes formosanus Shiraki

[分布]

重庆、云南、广东、广西、海南等地。

[主要寄主]

银杏、香樟、玉兰、悬铃木、桂花、小叶榕等。

[形态特征]

卵：长椭圆形，长约 0.8 mm。乳白色，一边较为平直。

有翅成虫：有翅繁殖蚁，发育共需要 7 龄，体长 12~16 mm，全体呈棕褐色；翅展 23~25 mm，黑褐色；触角 19 节；前胸背板后缘中央向前凹入，中央有一淡色"十"字形黄色斑，两侧各有一圆形或椭圆形淡色点，其后有一小而带分支的淡色点。

兵蚁：发育共 5 龄，末龄兵蚁体长 5~6 mm。头部深黄色，胸、腹部淡黄色至灰白色，头部发达，背面呈卵形，长大于宽；复眼退化。触角 16~17 节。上颚镰刀形，在上颚中部前方，有一明显的刺。前胸背板元宝状，前窄后宽，前部斜翘起。前后缘中央皆有凹刻。兵蚁有雌雄之别，但无生殖能力。

工蚁：发育共 5 龄，末龄工蚁体长 4.6~6.0 mm，头部黄色，近圆形。胸、腹部灰白色。头顶中央有一圆形下凹的肉。后唇基显著隆起，中央有缝。

[生活史]

黑翅土白蚁每年 3 月开始出现在巢内，4~6 月份在靠近蚁巢地面出现羽化孔，羽化孔突圆锥状，数量很多。在闷热天气或雨前傍晚 7 时左右，爬出羽化孔穴，群飞天空，停下后即脱翅求偶，成对钻入地下建筑新巢，成为新的蚁后繁殖后代。繁殖蚁从幼蚁初具翅芽至羽化共 7 龄，同一巢内龄期极不整齐。兵蚁专门保卫蚁巢，工蚁担负筑巢、采食和抚育幼蚁等工作。蚁巢位于地下 0.3~2.0 m 之处，新巢仅是一个小腔，3 个月后出现菌圃—草裥菌体组织，状如面包。在新巢的成长过程中，不断发生结构上和位置上的变化，蚁巢腔室由小到大，由少到多，个体数目达 200 万个以上。

[为害特点]

黑翅土白蚁取食枯枝落叶。先取食树皮，然后蛀食木质部。在树皮表面有明显的泥线和泥被覆盖，为害树皮时泥被从基部一直往上，泥线有多条，挑开泥被能见到大量白蚁，多为工蚁。

[防控治理措施]

（1）按 1:5 的比例将 10% 吡虫啉可湿性粉剂和滑石粉混合进行喷施；用 70% 吡虫啉水分散粒剂 1 000 倍液灌施。（2）利用白蚁诱集箱诱杀白蚁（添加诱饵）。（3）傍晚灯光诱杀。注：白蚁防控需多种措施配合使用，不建议采用挖巢措施进行园林白蚁防控。

黑翅土白蚁工蚁

黑翅土白蚁有翅成虫

泥线

［1］前胸背板：指昆虫胸节背面的骨化部分。

［2］触角：昆虫的感觉器官之一，一般由柄节、梗节和鞭节共三部分组成。

［3］上颚：位于上唇的后方，是由颚节的第一对附肢演化而来的一对坚硬的锥状或块状结构。

［4］后唇基：唇基分成两部时的上部。

［5］虫龄：在正常情况下，昆虫幼期生长到一定程度就要蜕一次皮，所以它的大小或生长的进程可以用蜕皮次数来作指标。刚从卵孵化出来到第一次蜕皮以前的幼虫称为第一龄幼虫，第一次蜕皮至第二次蜕皮期间的幼虫称为第二龄幼虫。余类推。

［6］虫瘿：指植物组织遭受昆虫取食或产卵刺激后，细胞加速分裂和异常分化而长成的畸形瘤状物或突起。

［7］复眼：由多数小眼组成的昆虫的主要感光器官。

［8］单眼：结构简单的光感受器。

［9］若虫：不完全变态昆虫的幼虫，是一类昆虫发育至某一段时期的称谓，即营陆生生活的不完全变态昆虫的幼体。

［10］喙：刺吸式昆虫口器中，口针和口针鞘合称为喙。

［11］气门：昆虫的一种呼吸器官，是气管在体壁上留下的陷口。

［12］蜜露：蚜虫及介壳虫等从肛门排出的含糖的液体。

［13］腹节：昆虫腹部的各体节称为腹节。

［14］腿节：成虫的胸足之一，又称股节，常是足各节中最发达、最粗大的一节，其基部与转节紧密相连，端部与胫节以前后关节相接。

［15］跗节：足的第五节，位于胫节和前跗节之间，成虫的跗节常多由2~5个亚节，即跗分节组成。

［16］胫节：昆虫足的第四节。

［17］蛹：一些昆虫从幼虫变化到成虫的一种过渡形态。

［18］产卵器：雌性昆虫的外生殖器，用以产卵的器官，主要由腹部生殖节上的附肢特化而成。

［19］抱握器：交配时，雄虫抱握雌虫的器官。

［20］中足基节窝：胸部侧板上围绕中足基节的窝。

［21］腹管：蚜虫第五或第六腹节背板两侧的管状突起，能分泌报警信息素。

［22］尾片：蚜虫腹部末端的一根尾须，具有肛门。

［23］侨蚜：蚜虫从第一宿主迁到第二宿主后所产生的后代，有翅或无翅，行孤雌胎生。

［24］干母：蚜虫卵越冬后孵化出来的蚜虫，进行孤雌生殖。

［25］性蚜：蚜虫进行两性生殖的雄蚜和雌蚜。

［26］胎生：昆虫母体直接生出幼虫或若虫的一种生殖方式。

［27］尾鬃：昆虫腹部末端细长的鬃状附器。